Mathematisch=Physikalische Bibliothek

Unter Mitwirkung von Fachgenossen herausgegeben von
Oberstud.-Dir. Dr. **W. Lietzmann** und Oberstudienrat Dr. **A. Witting**
Fast alle Bändchen enthalten zahlreiche Figuren. kl. 8.

Die Sammlung, die in einzeln käuflichen Bändchen in zwangloser Folge herausgegeben wird, bezweckt, allen denen, die Interesse an den mathematisch-physikalischen Wissenschaften haben, es in angenehmer Form zu ermöglichen, sich über das gemeinhin in den Schulen Gebotene hinaus zu belehren. Die Bändchen geben also teils eine Vertiefung solcher elementarer Probleme, die allgemeinere kulturelle Bedeutung oder besonderes wissenschaftliches Gewicht haben, teils sollen sie Dinge behandeln, die den Leser, ohne zu große Anforderungen an seine Kenntnisse zu stellen, in neue Gebiete der Mathematik und Physik einführen.

Bisher sind erschienen: (1912/27):

Der Gegenstand der Mathematik im Lichte ihrer Entwicklung. Von H. Wieleitner. (Bd. 50.)
Beispiele z. Geschichte d. Mathematik. Von A. Witting u. M. Gebhardt. 2. Aufl. (Bd. 15.)
Ziffern und Ziffernsysteme. Von E. Löffler. 2., neubearb. Aufl. I: Die Zahlzeichen d. alt. Kulturvölker. II: Die Zahlzeichen im Mittelalter u. i. d. Neuzeit. (Bd. 1 u. 34.)
Der Begriff der Zahl in seiner logischen und historischen Entwicklung. Von H. Wieleitner. 2., durchges. Aufl. (Bd. 2.)
Wie man einstens rechnete. Von E. Fettweis. (Bd. 49.)
Archimedes. Von A. Czwalina. (Bd. 64.)
Die 7 Rechnungsarten mit allgemeinen Zahlen. Von H.-Wieleitner. 2. Aufl. (Bd. 7.)
Abgekürzte Rechnung. Nebst einer Einführung in die Rechnung mit Logarithmen. Von A. Witting. (Bd. 47.)
Interpolationsrechnung. Von B. Heyne. [In Vorber. 1927.]
Wahrscheinlichkeitsrechnung. Von O. Meißner. 2. Auflage. I: Grundlehren. II: Anwendungen. (Bd. 4 u. 33.)
Korrelationsrechnung. Von F. Baur. [U. d. Pr. 1927.]
Die Determinanten. Von L. Peters. (Bd. 65.)
Mengenlehre. Von K. Grelling. (Bd. 58.)
Einführung in die Infinitesimalrechnung. Von A. Witting. 2. Aufl. I: Die Differentialrechnung. II: Die Integralrechnung. (Bd. 9 u. 41.)
Gewöhnliche Differentialgleichungen. Von K. Fladt. (Bd. 72.)
Unendliche Reihen. Von K. Fladt. (Bd. 61.)
Kreisevolventen und ganze algebraische Funktionen. Von H. Onnen. (Bd. 51.)
Konforme Abbildungen. Von E. Wicke. [U. d. Pr. 1927.]
Vektoranalysis. Von L. Peters. (Bd. 57.)
Ebene Geometrie. Von B. Kerst. (Bd. 10.)
Der pythagoreische Lehrsatz mit einem Ausblick auf das Fermatsche Problem. Von W. Lietzmann. 3. Aufl. (Bd. 3.)
Der Goldene Schnitt. Von H. E. Timerding. 2. Aufl. (Bd. 32.)
Einführung in die Trigonometrie. Von A. Witting. (Bd. 43.)
Sphärische Trigonometrie. Kugelgeometrie in konstruktiver Behandlung. Von L. Balser. (Bd. 69.)
Methoden zur Lösung geometrischer Aufgaben. Von B. Kerst. 2. Aufl. (Bd. 26.)
Nichteuklidische Geometrie in der Kugelebene. Von W. Dieck. (Bd. 31.)
Einführung in die darstellende Geometrie. Von W. Kramer. I. Teil: Senkr. Projektion auf eine Tafel. (Bd. 66.) II. Teil: Grund- und Aufrißverfahren. Allgemeine Parallelprojektion. Perspektive. [U. d. Pr. 1927.] (Bd. 67.)

Fortsetzung siehe 3. Umschlagseite

Springer Fachmedien Wiesbaden GmbH

MATHEMATISCH-PHYSIKALISCHE
BIBLIOTHEK
HERAUSGEGEBEN VON W. LIETZMANN UND A. WITTING
===== 72 =====

GEWÖHNLICHE DIFFERENTIALGLEICHUNGEN

VON

Dr. KUNO FLADT
STUDIENRAT AN DER FRIEDRICH-EUGENS-
REALSCHULE (OBERREALSCHULE)
IN STUTTGART

MIT 8 FIGUREN IM TEXT

Springer Fachmedien Wiesbaden GmbH 1927

ISBN 978-3-663-15394-8   ISBN 978-3-663-15965-0 (eBook)
DOI 10.1007/978-3-663-15965-0

SCHUTZFORMEL FÜR DIE VEREINIGTEN STAATEN VON AMERIKA:
Copyright 1927 by Springer Fachmedien Wiesbaden
Ursprünglich erschienen bei B.G. Teubner in Leipzig 1927

VORWORT

Das vorliegende Bändchen über gewöhnliche Differentialgleichungen versucht die Aufgabe zu lösen, von einem riesig ausgedehnten Stoff eine klare Anschauung zu geben. Das konnte nicht dadurch geschehen, daß im Telegrammstil möglichst viele Beispiele vor den Augen des Lesers durchgerechnet werden, aber auch nicht dadurch, daß seinem Geiste mit der abstrakten Theorie ein zweifelhaftes Vergnügen bereitet wurde. Es wurde vielmehr versucht, an der Hand typischer und zugleich für die Geometrie, Physik und Technik wichtiger Beispiele in das Wesen der Theorie einzuführen. Daß die Auswahl der Beispiele nicht anders getroffen wurde, mag der Geschmack des Verfassers entschuldigen.

Da die Differentiation der impliziten Funktionen nicht als bekannt vorausgesetzt werden konnte, mußte sie an geeigneter Stelle, wenn auch in naiver Weise, behandelt werden. Dies und der Wunsch, die Planetenbewegung mit aufzunehmen, bedingte die späte Einfügung des Abschnittes über den integrierenden Faktor.

Wer sich weiter bilden will, muß zu einem der vielen größeren Lehrbücher greifen, unter denen für den Theoretiker das von BIEBERBACH, Theorie der Differentialgleichungen, 2. Aufl., Berlin 1926, für den Praktiker das von FORSYTH, Lehrbuch der Differentialgleichungen, 2. Aufl., Berlin 1912 erwähnt seien, ohne daß damit über die andern irgendein Werturteil ausgesprochen sei.

Vaihingen a. F., Oktober 1926   K. FLADT.

INHALT

I. Einleitung

Seite
1. Begriff der gewöhnlichen Differentialgleichung 7
2. Die Grundaufgabe. Begriff der Quadratur 8
3. Integration einer Differentialgleichung durch Quadraturen. Andre Fassung der Grundaufgabe 9

II. Gewöhnliche Differentialgleichungen erster Ordnung und ersten Grades

4. Geometrisches Bild einer Differentialgleichung. Geometrisches Näherungsverfahren zu ihrer Lösung 12
5. Die Existenz der Integrale. Methode der Näherungen .. 15
6. Methode der Potenzreihen 20
7. Trennung der Veränderlichen 22
8. Homogene Differentialgleichungen 23
9. Die lineare Differentialgleichung. Variation der Konstanten 27
10. Singuläre Stellen einer Differentialgleichung 30

III. Gewöhnliche Differentialgleichungen erster Ordnung und höheren Grades

11. Geometrisches Bild. Die Existenz der Integrale 32
12. Differentialgleichungen von der Form $x = f(y')$ oder $y = f(y')$ 35
13. D'ALEMBERTsche und CLAIRAUTsche Differentialgleichung . 36
14. Singuläre Lösungen. Die Diskriminantenkurve 40

IV. Gewöhnliche Differentialgleichungen zweiter Ordnung

15. Geometrisches Bild. Existenz der Integrale 45
16. Die Differentialgleichungen $y'' = f(x)$, $y'' = f(y)$, $y'' = f(y')$ 46
17. Lineare Differentialgleichungen 48
18. Differentialgleichungen von der Form $y'' = f(y, y')$ ... 55

V. System von zwei gewöhnlichen Differentialgleichungen. Der integrierende Faktor

19. Geometrisches Bild. Die Existenz der Lösungen 56
20. Exakte Differentialgleichungen. Der integrierende Faktor 58
21. Die Planetenbewegung 62

VI. Anhang

22. Geschichtliches 65

FACHAUSDRÜCKE

Dgl. = Differentialgleichung

	Seite
Allgemeines Integral einer Dgl.	19
Charakteristische Gleichung	50
CLAIRAUTsche Dgl.	37
Diskriminantenkurve	41
Fundamentalsystem	49
Gewöhnliche Dgl.	7
Grad einer Dgl.	7
Homogene Dgl.	23
Homogene lineare Dgl.	27
Integral einer Dgl.	11
Integrieren (Integration einer Dgl.)	11
Integrierender Faktor	61
Isokline	13
Knotenpunkt	31
Linear unabhängige Integrale	49
Linienelement	12
LIPSCHITZsche Bedingung	18
Methode der aufeinanderfolgenden Näherungen	20
— — Koeffizientenvergleichung	20
— — Potenzreihen	20
Methode der unbestimmten Koeffizienten	20
— — Variation der Konstanten	28
Multiplikator einer Dgl.	61
Ordnung einer Dgl.	7
Parameter	8
Partikuläres Integral einer Dgl.	19
Quadratur	9
Regulärer Punkt	12
RICCATIsche Dgl.	30
Richtungsfeld	12
Sattelpunkt	31
Singuläre Stelle, singulärer Punkt	12
Singuläres Integral	40
Strudelpunkt	32
System von zwei gewöhnlichen Dgln.	56
Trennung der Veränderlichen	22
Umhüllungskurve	40
Vollständiges Differential	59
Wirbelpunkt	32

NAMENVERZEICHNIS

Seite

D'ALEMBERT, JEAN LE ROND (1717—83) 66
BERNOULLI, JAKOB (1654—1705) 66
BERNOULLI, JOHANN (1667—1748) 65
CAUCHY, AUGUSTIN LOUIS (1789—1857) 15, 67
CLAIRAUT, ALEXIS CLAUDE (1713—65) 66
EULER, LEONHARD (1707—83) 66
JACOBI, KARL GUSTAV JAKOB (1804—51) 33
LAGRANGE, JOSEPH LOUIS (1736—1813) 28, 51, 66
LEIBNIZ, GOTTFRIED WILHELM (1646—1716) 20, 65
LIE, SOPHUS (1842—99) 10, 67
LIPSCHITZ, RUDOLF (1832—1903) 15
MACLAURIN, COLIN (1698—1746) 66
NEWTON, ISAAC (1642—1727) 20, 62, 65
PICARD, EMILE (geb. 1856, Prof. a. d. Sorbonne, Paris) . . . 15
RICCATI, JACOPO (1676—1754) 66
SCHLESINGER, LUDWIG (geb. 1864, Prof. a. d. Univ. Gießen) . 30
TAYLOR, BROOK (1685—1731) 66

I. EINLEITUNG

1. Begriff der gewöhnlichen Differentialgleichung. Der Buchstabe x bezeichne eine **unabhängig** veränderliche Größe, der Buchstabe y eine von x **abhängige** veränderliche Größe, eine **Funktion** von x,

$$\frac{dy}{dx} \equiv y', \quad \frac{d^2y}{dx^2} \equiv y'', \cdots \frac{d^ny}{dx^n} \equiv y^{(n)}, \cdots$$

seien die **Differentialquotienten** oder **Ableitungen** der verschiedenen Ordnungen von y nach x[1]).

Irgendeine Gleichung zwischen beliebig vielen der Größen $x, y, y', y'', \ldots, y^{(n)}, \ldots$, unter denen aber wenigstens eine der Ableitungen $y', y'', \ldots, y^{(n)} \ldots$ vorkommt, nennt man eine *gewöhnliche Differentialgleichung in zwei Veränderlichen*. Die Ordnung des höchsten in ihr vorkommenden Differentialquotienten heißt *Ordnung* der Differentialgleichung (Dgl.), der Grad, in dem er in ihr auftritt, *Grad* der Dgl.

Folgende Beispiele mögen diese Erklärung erläutern:

(I$_1$) $y' = Ax^n$, n ganz, positiv oder negativ, aber nicht gleich -1; $y' = A$, $y' = \frac{A}{x}$; $y' = \cos x$, $y' = \sin x$; $y' = e^x$; $y' = f(x)$.

(I$_2$) $y' = y$, $y' = Ay$; $y' = Ay^n$, n ganz, positiv oder negativ, aber nicht gleich $+1$; $y' = 1 + y^2$; $y' = f(y)$.

(I$_3$) $y' = \frac{y}{x}$, $y' = A\frac{y}{x}$ ($A \gtrless 0$); $y' = -\frac{x}{y}$; $y' = \frac{A_1 x + B_1 y}{A_2 x + B_2 y}$, $A_1 B_2 - A_2 B_1 \neq 0$; $y' = f\left(\frac{y}{x}\right)$.

(I$_4$) $y' = Ay + g(x)$; $y' = f(x)y$, $y' = f(x)y + g(x)$.

(I$_5$) $y' = f(x)y^2 + g(x)y + h(x)$.

(I$_6$) $y' = f(x, y)$.

---

[1]) Vgl. dazu wie zu allen den Dingen aus der Differential- und Integralrechnung, deren Kenntnis wir hier voraussetzen müssen, die beiden Bändchen Nr. 9 und 41 dieser Sammlung von A. Witting, zit. mit Wt. I und Wt. II.

(II$_1$) $y'^2 = Ax$; $x = Ay' + By'^3$, $x = f(y')$.

(II$_2$) $y'^2 = Ay^3$; $y = f(y')$, $y = Ay'^2 + By'^3$.

(II$_3$) $\varphi(y')x + \psi(y')y = \chi(y')$, $y = xy' + \chi(y')$,
$y = mx + \chi(y')$; $y = f(x,y')$, $x = f(y, y')$.

(II$_4$) $f(x, y, y') = 0$, $f(x,y)y'^2 + 2g(x,y)y' + h(x,y) = 0$.

(III$_1$) $y'' = f(x,y,y')$.

(III$_2$) $y'' = f(x)$, $y'' = -g$; $y'' = f(y)$, $y'' = -k^2 y$,
$y'' = +k^2 y$, $y'' = -\dfrac{f^2}{y^3}$; $y'' = f(y')$;
$y'' = -g - \lambda^2 y'^2$.

(III$_3$) $y'' + \varphi(x)y' + \psi(x)y = f(x)$, $y'' + \varphi(x)y' + \psi(x)y = 0$;
$y'' + 2Ay' + By = 0$, $y'' + 2Ay' + By = f(x)$.

(III$_4$) $y'' = f(y, y')$, $nyy'' = 1 + y'^2$.

Die Gleichungen (I) und (II) sind lauter Dgln. 1. Ordnung, die Gleichungen (III) solche 2. Ordnung, die Gleichungen (I) sind vom 1. Grad, die Gleichungen (II) vom 2. Grad.

Die aufgeführten Dgln. enthalten teilweise außer den Veränderlichen x und y noch andere Größen A, B, C, k, f, λ, und Funktionszeichen f, g, h, φ, ψ, χ, in denen außer x und y noch beliebig viele solcher anderer Größen enthalten sein können. Diese anderen Größen sind zunächst als Konstanten oder Festwerte zu betrachten, können aber auch als veränderliche Größen angesehen werden. Im letzteren Falle nennt man sie *Parameter*.

2. Die Grundaufgabe. Begriff der Quadratur. Die durch jede Dgl. in zwei Veränderlichen geforderte Aufgabe ist nun, die Größe y als Funktion der Größe x zu bestimmen, daß sie der Dgl. genügt, sie zu einer identischen Gleichung macht.

Da ist aber die erste Frage die, ob das möglich ist, ob solche Funktionen überhaupt existieren.

Daß es möglich ist, zeigen zunächst die Beispiele (I$_1$). Als Lösungen erhält man da der Reihe nach

Grundaufgabe. Begriff der Quadratur

$$(I_1)' \begin{cases} y = A\dfrac{x^{n+1}}{n+1} + C, \; n \neq -1; \quad y = Ax + C, \\ y = A\ln x + C; \quad y = \sin x + C, \; y = -\cos x + C; \\ y = e^x + C; \quad y = \int f(x)\,dx + C; \end{cases}$$

d. h. wir haben damit nichts anderes als die Grundformeln der Integralrechnung gewonnen, oder, abgesehen vom letzten, die Integrale der sog. elementaren Funktionen.

Was das letzte Integral betrifft, so leistet es zunächst ja eigentlich gar nichts. Es gibt nur die Anweisung, man solle die gegebene Funktion $f(x)$ integrieren. Ob ein solches Integral überhaupt vorhanden ist, bleibt ganz und gar fraglich. In der Tat: die Frage, ob eine Funktion y von x existiere, deren Ableitung gleich der gegebenen Funktion $f(x)$ ist, hat erst im Laufe des 19. Jahrhunderts eine Antwort gefunden. Jedenfalls kann die Funktion $f(x)$ nicht ganz willkürlich gegeben sein, sondern muß gewisse Bedingungen erfüllen. Und auch unter den Funktionen, welche man integrieren kann, befinden sich nur wenige, deren Integral zu den „bekannten" Funktionen gehört, d. h. zu den elementaren Funktionen, mit denen man es am häufigsten zu tun hat. Ist ein solches Integral keine rationale, keine trigonometrische, keine Exponentialfunktion und kein Logarithmus oder aus endlich vielen solchen aufgebaut, so braucht es darum noch lange nicht als „unbekannt" oder gar als nicht vorhanden betrachtet zu werden. Es definiert dann eben eine neue Funktion mit neuen Eigenschaften. Solche Integrale sind z. B.

$$\int \dfrac{dx}{\sqrt{1-x^4}}, \quad \int \dfrac{e^x}{x}\,dx, \quad \int \sin(x^2)\,dx.$$

Da die Aufgabe, das Integral einer Funktion $f(x)$ auszuwerten, geometrisch als Bestimmung eines Flächeninhalts, als eine sogenannte Quadratur gedeutet werden kann, so sagt man auch in der Analysis, die Dgl. $y' = f(x)$ erfordere zu ihrer Lösung eine *Quadratur*.

3. Integration einer Differentialgleichung durch Quadraturen. Andere Fassung der Grundaufgabe. Ist schon eine Quadratur eine vielleicht unlösbare Aufgabe, wieviel schwieriger wird erst eine Dgl. zu lösen sein, in der die Funktion y selbst vorkommt. Da aber eine Quadratur eine in sich abgeschlossene und mit eigenen Mitteln zu lösende Aufgabe ist, so wird man geneigt sein, die Lösung einer Dgl. womöglich auf Quadraturen zurückzuführen.

Das gelingt z. B. bei den Beispielen (I_2), in denen die unabhängige Veränderliche x gar nicht vorkommt, indem man einfach die Rolle von x und y vertauscht und die Gleichung $\frac{dx}{dy} = 1 : \frac{dy}{dx}$ [1]) benützt. Man erhält so

$$(1) \begin{cases} \frac{dx}{dy} = \frac{1}{y}, \quad \frac{dx}{dy} = \frac{1}{Ay}; \quad \frac{dx}{dy} = \frac{1}{A} y^{-n}, \quad n \neq 1; \\ \frac{dx}{dy} = \frac{1}{1+y^2}; \quad \frac{dx}{dy} = \frac{1}{f(y)} \end{cases}$$

und daraus zunächst

$$(2) \begin{cases} x = \ln y + C, \quad x = \frac{1}{A} \ln y + C; \quad x = -\frac{1}{A(n-1)y^{n-1}} + C; \\ x = \operatorname{arctg} y + C; \quad x = \int f(y)\,dy + C. \end{cases}$$

Abgesehen von der letzten sind diese Gleichungen umkehrbar und es ergeben sich, wenn man noch in den beiden ersten $e^{-C} = C'$, in der dritten $A(n-1)C = C'$ setzt

$$(I_2)' \begin{cases} y = C' e^x, \quad y = C' e^{Ax}; \\ y = \frac{1}{\sqrt[n-1]{C' - A(n-1)x}}; \quad y = \operatorname{tg}(x - C) \end{cases}$$

als Lösungen der ursprünglichen Dgln.

Nicht immer aber liegt der Fall so einfach. Wenigstens wird man es den übrigen Beispielen (I) und vollends den Beispielen (II) und (III) nicht ohne weiteres ansehen, ob sie durch Quadraturen lösbar sind.

Man hat sich viel Mühe gegeben, die Auflösung einer Dgl. auf Quadraturen zurückzuführen oder doch wenigstens Mittel zu finden, mit deren Hilfe man entscheiden kann, ob eine Dgl. auf Quadraturen zurückführbar ist oder nicht. Der Norweger SOPHUS LIE (1842—99) hat alle die Versuche in einer

---

[1]) Wt. I, S. 50.

großen Theorie zusammengefaßt. Allein man ist da leicht geneigt, beim Suchen nach der Lösungsfunktion, dem *Integral* der Dgl., die Gedanken von der Rechnung überwuchern zu lassen. Es fragt sich, ob es nicht leichter ist, die Eigenschaften dieses Integrals unmittelbar aus der Dgl. selbst abzulesen, als zuvor eine womöglich „unbekannte", d. h. erst durch Quadraturen definierte Funktion zu ermitteln, die der Dgl. genügt.

Damit verschiebt sich unsere ursprüngliche Aufgabe. Eine Dgl. *integrieren* bedeutet jetzt folgendes: Vorausgesetzt, daß ein Integral überhaupt vorhanden ist, die notwendigen und hinreichenden Eigenschaften des Integrals aus der Dgl. selbst ermitteln. Freilich können wir auf die Lösung der Aufgabe in dieser Form nicht eingehen. Denn sie stützt sich auf die Funktionentheorie als Grundlage.[1]

Wir werden uns also im wesentlichen mit der ursprünglichen Aufgabe beschäftigen. In der Tat darf man sie auch nicht unterschätzen. Ist das Integral einer Dgl. in einfacher Weise aus elementaren Funktionen aufgebaut, so beherrscht man sie tatsächlich. Auch ist es oftmals zweckmäßig, die Integrale solcher Dgln., die etwa durch Quadraturen gewonnene bekannte Funktionen sind, bei anderen Dgln. zum Vergleiche heranzuziehen.

Schließlich sei noch folgendes bemerkt: Die Theorie der Dgln. ist heute so umfassend, daß wir uns auf so engem Raum nur an Hand bestimmter, ausgewählter Beispiele einen Begriff von ihr machen können, wie man den Charakter einer bedeutenden Stadt etwa dadurch kennen lernt, daß man einige wenige ihrer Sehenswürdigkeiten, diese aber gründlich, besichtigt. Eine Sammlung von solchen Beispielen, an denen das gezeigt werden kann, worauf es ankommt, mögen unsere Beispiele (I) bis (III) darstellen. Auf ihre Behandlung und die einiger anderer erst im V. Abschnitt zu erwähnender werden wir uns daher im folgenden im allgemeinen beschränken.

---

1) Vgl. LIE-SCHEFFERS, Vorlesungen über Differentialgleichungen mit bekannten infinitesimalen Transformationen, Leipzig 1891.

II. GEWÖHNLICHE DIFFERENTIALGLEICHUNGEN ERSTER ORDNUNG UND ERSTEN GRADES

4. *Geometrisches Bild einer Differentialgleichung. Geometrisches Näherungsverfahren zu ihrer Lösung.* Eine gewöhnliche Dgl. 1. Ordnung und 1. Grades von der Form (I_6) $y' = f(x, y)$ ordnet im allgemeinen, d. h. mit gewissen Ausnahmen, einem bestimmten Wertepaar $x \mid y$ einen bestimmten Wert von y' zu. Da bei der geometrischen Deutung y' den Richtungsfaktor der Tangente angibt, so bestimmt die Dgl. (I_6) zu einem Punkt $x \mid y$ im allgemeinen eine Richtung. Man sagt, sie erzeuge ein *Richtungsfeld* und nennt den Inbegriff der drei Werte $x \mid y \mid y'$ ein *Linienelement*.

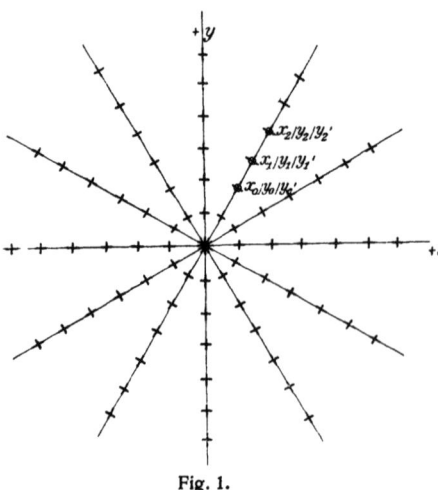

Fig. 1.

Ausnahmepunkte $x \mid y$, denen kein bestimmter Wert von y' entspricht, heißen *singuläre Punkte*. Demgegenüber nennt man die nichtsingulären Punkte auch *reguläre Punkte*.

So sind in den Beispielen (I_3) alle Punkte $x \mid y$, für welche die Nenner der Brüche auf der rechten Seite verschwinden, singulär, insbesondere derjenige Punkt, für den auch der betr. Zähler verschwindet, also in den vier ersten Beispielen der Punkt $0 \mid 0$. Im ersten Beispiel (I_1) ist für negatives n der Wert $x = 0$ ein singulärer, im dritten Beispiel (I_3) für negatives n der Wert $y = 0$. Ähnliches mag der Leser auch bei den übrigen Beispielen feststellen.

In den Fig. 1 und 2a ist die Zuordnung der Punkte und Richtungen für die Dgln. (I_8)$_1$ $y' = \dfrac{y}{x}$ und (I_9)$_1$ $y' = y$ aufgezeichnet. Man sieht sogleich die Bedeutung der Punkte $x = 0$ für $y' = \dfrac{y}{x}$: Ist $y \neq 0$, so ist die Richtung die der

Geometrisches Bild einer Differentialgleichung 13

y-Achse, im Ursprung dagegen ist die Richtung ganz unbestimmt.

Wie wird man nun ein Integral $y = F(x)$ Dgl. (I_6) erhalten? Dazu geht man von einem beliebigen Punkt $x_0 | y_0$ aus in der zugehörigen Richtung y_0' einen kleinen Schritt weiter bis zu einem Punkt $x_1 | y_1$, von diesem wieder in der für ihn gültigen Richtung y_1' bis zu einem Punkt $x_2 | y_2$, im Zweifelsfalle so, daß die Abszissen x ständig wachsen oder ständig abnehmen.

Auf die Dgl. $y' = \frac{y}{x}$ angewandt gibt dies Verfahren sofort unendlich viele Integrale von der Form $y = Cx$, wo C eine beliebige Konstante ist. Das Beispiel $y' = y$ zeigt in der Fig. 2b, daß unser Verfahren in Wirklichkeit ein Näherungsverfahren ist, das um so genauer ausfällt, je kleiner man den Schritt von einem Punkt zum anderen wählt.

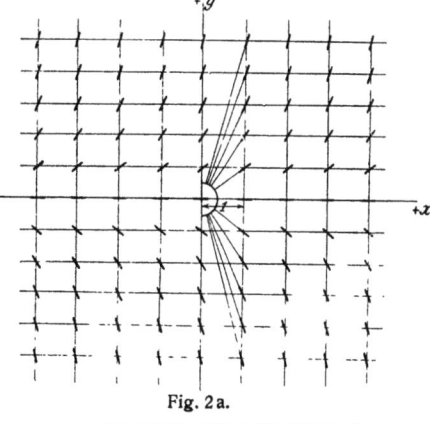

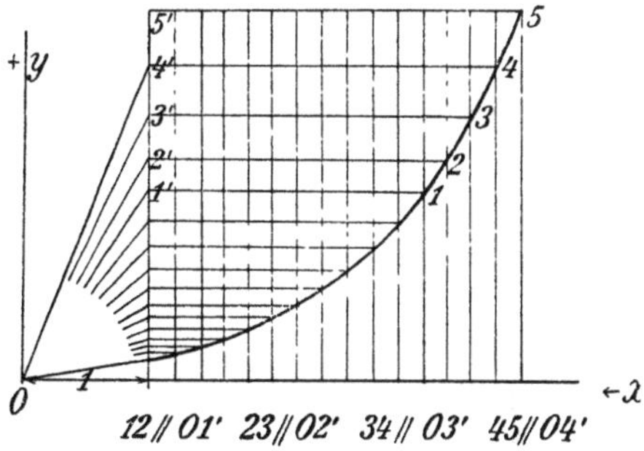

Fig. 2a.

Fig. 2b.

Um Ordnung und Übersicht in das gewonnene Richtungsfeld einer Dgl. zu bringen, wird man etwa die Punkte, zu denen das gleiche $y' = m$ gehört, miteinander verbinden. Die so entstehenden Kurven nennt man Kurven gleicher Neigung, Isoklinen. Wir versehen sie in der Zeichnung mit den gleichen Nummern wie die zugehörigen, in einem besonderen Plan aufgezeichneten Richtungen.

So liefert das Beispiel $(I_6)_1$ $y' = \frac{y^2 + x^2}{2y}$ (Fig. 3) als Isoklinen die Kreise $\frac{y^2 + x^2}{2y} = m$ oder $x^2 + (y - m)^2 = m^2$, die

14 II. Gewöhnliche Differentialgleichungen erster Ordnung

alle die x-Achse im Ursprung berühren. Je enger man die Kreismittelpunkte aufeinander folgen läßt, desto genauer erscheint das Bild der Integrale, deren es, wie die Figur zeigt, offenbar unendlich viele gibt. Man erkennt, daß der Ursprung wiederum ein singulärer Punkt ist, dessen Umgebung sich diesmal der geometrischen Behandlung überhaupt entzieht.[1]) Da y und y' gleichzeitig das Zeichen ändern, so sind die Lösungskurven symmetrisch zur x-Achse.

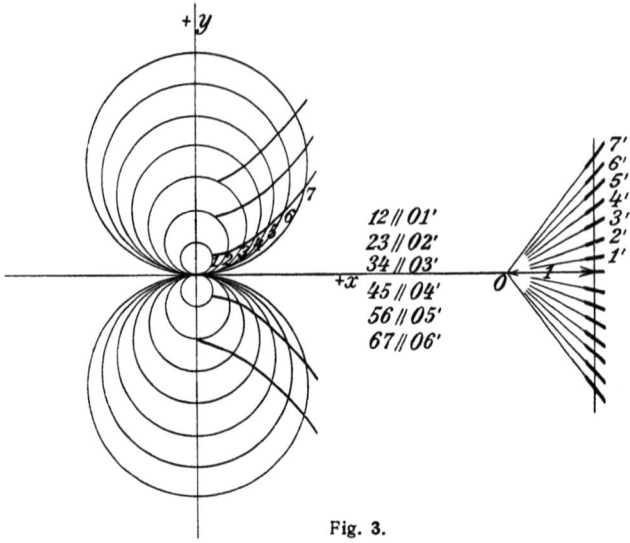

Fig. 3.

Wir sehen: mittels der Isoklinen kann man sich ein Bild von den in unendlicher Zahl vorhandenen Lösungskurven machen. Aber wie jedem graphischen Verfahren ist auch diesem eine Grenze gesetzt, namentlich, sobald die Isoklinen die Richtungen des Feldes unter kleinem Winkel durchsetzen und sobald sie keine einigermaßen einfachen Kurven mehr sind. Dann muß an Stelle der Zeichnung die Rechnung treten. So erhebt sich die Frage: Wie läßt sich für y ein Rechenausdruck gewinnen?

---

1) Wir werden in Nr. 9 sehen, wie sich die Lösungskurven im Ursprung verhalten.

Die Existenz der Integrale. Methode der Näherungen 15

Aufg.: Zeichne Isoklinen und Lösungskurven für folgende Dgln.:

1. $y' = \dfrac{2y}{x}$. 2. $y' = 3y + x$. 3. $y' = 2xy$.

4. $y' = \dfrac{y^2}{2x}$. 5. $y' = \dfrac{x^2 + y^2}{2x}$. 6. $y' = \dfrac{y^2}{x^2}$.

5. Die Existenz der Integrale. Methode der Näherungen.

Um einen solchen Rechenausdruck zu gewinnen, kann man

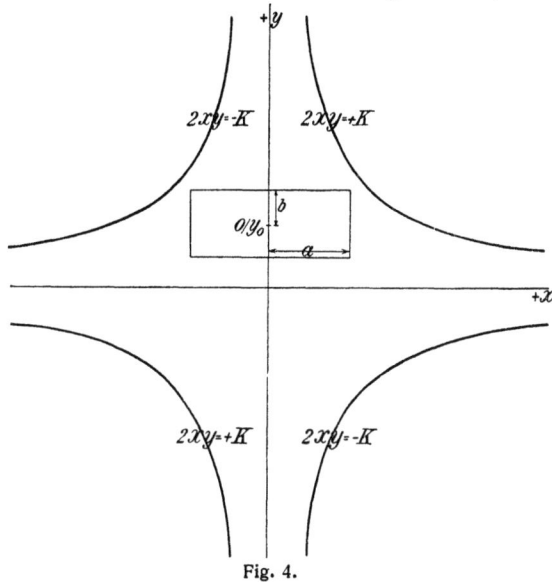

Fig. 4.

auf verschiedene Weise vorgehen. Cauchy (1789—1857) und Lipschitz (1832—1903) haben das geometrische Verfahren der vorigen Nr. in die Sprache der Analysis übersetzt und damit die Existenz unendlich vieler solcher Rechenausdrücke erwiesen. Viel einfacher darzustellen ist aber das folgende Verfahren, das E. Picard (geb. 1856, Prof. a. d. Sorbonne, Paris) ausgebildet hat. Wir wollen es an dem Beispiel $(l_4)_1$ $y' = 2xy$ auseinandersetzen.

Wir beschränken uns auf einen Bereich von Werten $x\,|\,y$, für den der absolute Betrag $|2xy|$ kleiner ist als die beliebig große, aber endliche positive Zahl K. Dieser Bereich ist das von den beiden Hyperbeln $2xy = +K$ und $2xy$

16 II. Gewöhnliche Differentialgleichungen erster Ordnung

$= -K$ begrenzte, den Ursprung enthaltende Stück der Ebene der Fig. 4. Wir gehen aus von einem Punkt $x_0 = 0 \,|\, y_0$ dieses Bereichs und tragen in unsere Dgl. den Wert y_0 als Näherungswert für y ein. Dann genügt y nicht der Dgl. $y' = 2xy$. Denn sonst wäre $y = y_0 + \int_0^x 2xy_0\,dx = y_0 + x^2 y_0$. Dieser Wert erfüllt aber die Dgl. nicht. Daher ist die Gleichung $y' = 2xy_0$ eben die Dgl. der neuen Funktion

(1) $$y_1 = y_0 + x^2 y_0,$$

und wir können mit diesem neuen Wert y_1 als Näherungswert in die gegebene Dgl. eingehen. Wir erhalten so eine zweite Näherungsfunktion

(2) $$\begin{cases} y_2 = y_0 + \int_0^x 2x y_1\,dx = y_0 + \int_0^x (2xy_0 + 2x^3 y_0)\,dx \\ \qquad = y_0 + x^2 y_0 + \dfrac{x^4}{2} y_0. \end{cases}$$

Der Fortgang des Verfahrens erhellt aus den Gleichungen

(3) $$\begin{cases} y_3 = y_0 + \int_0^x 2x y_2\,dx = y_0 + \int_0^x (2xy_0 + 2x^3 y_0 + x^5 y_0)\,dx \\ \qquad = y_0 + x^2 y_0 + \dfrac{x^4}{2} y_0 + \dfrac{x^6}{2 \cdot 3} y_0, \end{cases}$$

(4) $$\begin{cases} y_4 = y_0 + \int_0^x 2x y_3\,dx = y_0 + x^2 y_0 + \dfrac{x^4}{2} y_0 \\ \qquad\qquad + \dfrac{x^6}{2 \cdot 3} y_0 + \dfrac{x^8}{2 \cdot 3 \cdot 4} y_0, \end{cases}$$

. . . . ,

(n) $$y_n = y_0 + \dfrac{x^2}{1!} y_0 + \dfrac{x^4}{2!} y_0 + \dfrac{x^6}{3!} y_0 + \cdots + \dfrac{x^{2n}}{n!} y.\ {}^{1})$$

Die Richtigkeit der Gleichung (n) wird durch vollständige Induktion erwiesen. In der Tat ist, wenn man sie als gültig voraussetzt,

---

1) Es ist $n! = 1 \cdot 2 \cdot 3 \ldots n$.

Die Existenz der Integrale. Methode der Näherungen 17

$$(n+1)\ y_{n+1} = y_0 + \int_0^x 2xy_n\,dx,$$

$$= y_0 + \int_0^x \left(2xy_0 + 2\frac{x^3}{1!}y_0 + \cdots + 2\frac{x^{2n+1}}{n!}y_0\right)dx,$$

$$= y_0 + \frac{x^2}{1!}y_0 + \frac{x^4}{2!}y_0 + \cdots + \frac{x^{2(n+1)}}{(n+1)!}y_0.$$

Durch Fortsetzung des Verfahrens ergibt sich eine unendliche Reihe[1]) $y_0 + \frac{x^2}{1!}y_0 + \frac{x^4}{2!}y_0 + \cdots$. Ist diese Reihe vielleicht eine Lösung unserer Dgl.? Existiert sie überhaupt?

Beides zeigt man auf folgendem Weg, der so angelegt ist, daß er auf unendlich viele andere Dgln. $y' = f(x, y)$ unmittelbar übertragen werden kann, der also von dem besonderen Gesetz, das sich in unserem Beispiel für die unendliche Reihe ergeben hat, keinen Gebrauch macht.

Wir beschränken die zulässigen Werte von x und y auf ein dem Bereich $|2xy| < K$ angehöriges Rechteck mit den Ecken $-a\,|\,y_0 - b$, $+a\,|\,y_0 - b$, $+a\,|\,y_0 + b$, $-a\,|\,y_0 + b$, setzen also $|x| < a$, $|y - y_0| < b$ fest. Nun ist $y_n - y_0 = \int_0^x 2xy_{n-1}\,dx$, also gilt wegen $|2xy_{n-1}| < K$ die Ungleichung

(a) $\qquad |y_n - y_0| < \int_0^x K\,dx < K\,|x|.$

Ist $|x| < a$, so wird $|y_n - y_0| < K \cdot a$, also $< b$, wenn $a < \frac{b}{K}$ gewählt wird. Dann liegt also die ganze Näherungskurve $y_n = y_0\left(1 + \frac{x^2}{2!} + \cdots + \frac{x^{2n}}{n!}\right)$ für $|x| < a$ innerhalb des vorgegebenen Rechtecks.

Die Gleichung (a) gilt auch für $n = 1$. Es ist also

(1') $\qquad |y_1 - y_0| < K \cdot |x|.$

Ferner wird $|y_2 - y_1| = \int_0^x |2xy_1 - 2xy_0|\,dx$.

---

[1]) Für alle Tatsachen, die wir aus der Theorie der unendlichen Reihen voraussetzen müssen, vgl. Bändchen Nr. 61 dieser Sammlung von K. Fladt, zit. mit F.

II. Gewöhnliche Differentialgleichungen erster Ordnung

Setzen wir also weiter voraus, daß die Funktion $2xy$ für **irgend zwei Punkte** $x|y$ und $x|\bar{y}$ des Bereiches der sog. *LIPSCHITZ schen Bedingung*

$$|2x\bar{y} - 2xy| \leq L|\bar{y} - y|$$

genügt, wo L wiederum eine beliebig große, aber endliche positive Zahl ist, die in unserem Beispiel ohne weiteres zweckmäßig gewählt werden kann, so folgt

(2') $|y_2 - y_1| \leq L\int_0^x |y_1 - y_0|\,dx \leq KL\int_0^x |x|\,dx \leq KL\frac{|x|^2}{2!}$,

(3') $|y_3 - y_2| \leq L\int_0^x |y_2 - y_1|\,dx \leq KL^2\int_0^x \frac{|x|^2}{2!}\,dx = KL^2\frac{|x|^3}{3!}$,

. . . . ,

(n') $\qquad |y_n - y_{n-1}| = KL^{n-1}\frac{|x|^n}{n!}$,

wobei die Richtigkeit von (n') durch **vollständige Induktion** sofort erhärtet werden kann.

Für die unendliche Reihe $y = \lim_{n\to\infty} y_n = y_0 + (y_1 - y_0) + (y_2 - y_1) + \cdots + (y_n - y_{n-1}) + \cdots$ ergibt sich also

$|y| \leq |y_0| + |y_1 - y_0| + |y_2 - y_1| + \cdots + |y_n - y_{n-1}| + \cdots$,

$\leq |y_0| + K|x| + KL\frac{|x|^2}{2!} + KL^2\frac{|x|^3}{3!} + \cdots + KL^{n-1}\frac{|x|^n}{n!} + \cdots$,

$\leq |y_0| + Ka + KL\frac{a^2}{2!} + \cdots + KL^{n-1}\frac{a^n}{n!} + \cdots$,

$< |y_0| + \frac{K}{L}(e^{La} - 1)$,

d. h. die **absolute und gleichmäßige Konvergenz:**[1]
$y = \lim_{n\to\infty} y_n$ existiert also.

Aus $y_n = y_0 + \int_0^x 2xy_{n-1}\,dx$ ergibt sich ferner durch einen wegen der absoluten und gleichmäßigen Konvergenz erlaubten Grenzübergang

---

1) Vgl. F., S. 15 und 38.

Die Existenz der Integrale. Methode der Näherungen

$$\lim_{n\to\infty} y_n = y_0 + \int_0^x 2x \lim_{n\to\infty} y_{n-1}\, dx \quad \text{oder} \quad y = y_0 + \int_0^x 2xy\, dx$$

und daraus $y' = 2xy$, d. h. unsere **Grenzfunktion** $y = \lim_{n\to\infty} y_n$ genügt der gegebenen Dgl.

Nun ist nur noch eine Frage zu beantworten: Ist die gefundene Lösung für ein gegebenes y_0 die einzige oder gibt es noch andere?

Wir beweisen die Einzigkeit der Lösung wie folgt: Sei $\bar{y}$ eine zweite Lösung mit demselben Anfangswert y_0, die auch derselben Umgebung angehört wie die gefundene Lösung y, so daß also $|\bar{y} - y_0| < b$ ist. Dann ist $\bar{y} - y_0 = \int_0^x 2x\bar{y}\, dx$ und $\bar{y} - y_n = \int_0^x (2x\bar{y} - 2xy_{n-1})\, dx$, also nach der LIPSCHITZschen **Bedingung**

$$(1'') \qquad \bar{y} - y_1 \leq L \int_0^x |\bar{y} - y_0|\, dx < Lb|x|,$$

$$(2'') \qquad \bar{y} - y_2 \leq L \int_0^x |\bar{y} - y_1|\, dx < L^2 b \frac{|x|^2}{2!},$$

$$\cdots\cdots\cdots\cdots\cdots\cdots\cdots,$$

$$(n'') \qquad \bar{y} - y_n \leq L^n \cdot b \frac{|x|^n}{n!}.$$

Nun folgt aber aus der Reihenentwicklung von $e^{L|x|}$, daß $\lim_{n\to\infty} \frac{L^n |x|^n}{n!} = 0$ ist und daraus ergibt sich $\bar{y} = y$.

Da der Wert von y_0 beliebig ist, so sieht man, daß die Dgl. **unendlich viele** Integrale hat. Man nennt die gefundene Reihe bei **willkürlichem** $y = C$ das *allgemeine Integral* der gegebenen Dgl. Für jeden **besonderen** Wert von C erhält man ein *partikuläres Integral* der Dgl.

Unser ganzes Beweisverfahren kann wörtlich auf andere Dgln. von der Form (I_6) $y' = f(x, y)$ übertragen werden, wenn nur die Funktion $f(x, y)$ in einem Bereich betrachtet werden kann, in dem überall $|f(x, y)| < K$ ist, und wenn für

II. Gewöhnliche Differentialgleichungen erster Ordnung

irgend zwei Punkte $x\,|\,y$ und $x\,|\,\bar{y}$ die LIPSCHITZsche Bedingung

$$|f(x,\bar{y}) - f(x,y)| \leq L\,|\bar{y} - y|$$

erfüllbar ist.

Wendet man die LIPSCHITZsche Bedingung z. B. auf die Dgl. $y' = \dfrac{y}{x}$ an, so muß hier $\left|\dfrac{\bar{y}}{x} - \dfrac{y}{x}\right| = \dfrac{1}{x}\left|\bar{y} - y\right| \leq L\,|\bar{y}-y|$,

d. h. $|x| > \dfrac{1}{L}$ sein. Wir sehen, wie die LIPSCHITZsche Bedingung singuläre Stellen ausschließt.

Unsere *Methode der aufeinanderfolgenden Näherungen*, wie man sie nennen kann, ist wegen ihrer Konvergenz auch praktisch brauchbar. Allerdings sind ihr wegen der erforderlichen Integrationen $\int_{x_0}^{x} f(x,y)\,dx$ gewisse Schranken gesetzt.

Aufg.: Beweise durch Ermittelung der Grenzfunktion die Existenz des allgemeinen Integrals folgender Dgln. nach der Methode der aufeinanderfolgenden Näherungen:

1. $y' = 3x^2 y$.   2. $y' = y$.   3. $y' = y + x$.

4. $y' = 2xy^2$.   5. $y' = \dfrac{y}{x}$ ($x_0 = 1!$).

6. *Methode der Potenzreihen.* Viel älter als das Verfahren der vorigen Nummer ist ein anderes, die *Methode der unbestimmten Koeffizienten* oder *der Koeffizientenvergleichung*. Die beiden Schöpfer der Differential- und Integralrechnung, LEIBNIZ (1646—1716) und NEWTON (1642—1727) haben sie ersonnen, beide etwa im Jahre 1676. Wir wollen sie im gegenwärtigen Zusammenhange lieber die *Methode der Potenzreihen* nennen. Sie wurde benützt, um die Reihenentwicklungen der elementaren Funktionen zu gewinnen. Sieht man näher zu, so erkennt man, daß, ehe man sie bei einer bestimmten Funktion anwenden konnte, eine Differentialgleichung gegeben sein mußte, der jene Funktion genügt. Wir sahen z. B. in Nr. 3, daß die Funktion e^x die Dgl. $(I_2)_1$ $y' = y$ erfüllt. Um jetzt für die vielleicht schon anderweitig bekannte Funktion e^x eine Potenzreihe zu gewinnen, setzt man eine solche mit unbestimmten Koeffizienten an:

Methode der Potenzreihen

(1) $\quad y = e^x = a_0 + a_1 x + a_2 x^2 + \cdots + a_n x^n + \cdots$

und erhält

(2) $\quad y' = e^x = a_1 + 2 a_2 x + 3 a_3 x^2 + \cdots + n a_{n+1} x^n + \cdots$.

Da die beiden Entwicklungen in den Koeffizienten übereinstimmen müssen, so ergibt sich durch **Koeffizientenvergleichung** $a_1 = a_0$, $2 a_2 = a_1, \ldots$, $(n+1) a_{n+1} = a_n, \ldots$ und daraus $a_1 = \dfrac{a_0}{1}$, $a_2 = \dfrac{a_0}{1 \cdot 2}, \ldots, a_n = \dfrac{a_0}{1 \cdot 2 \cdots n} = \dfrac{a_0}{n!}$.

Da aber $e^0 = 1$ ist, so folgt aus (1) $a_0 = 1$, und damit hat man

(3) $\quad e^x = 1 + \dfrac{x}{1!} + \dfrac{x^2}{2!} + \cdots + \dfrac{x^n}{n!} + \cdots$.

Ist dieses so sorglos durchgeführte Verfahren gültig?

Gegen den Ansatz einer Potenzreihe mit unbestimmten Koeffizienten ist dann nichts einzuwenden, wenn die schließlich gefundene Reihe in einem bestimmten Bereiche **konvergiert**, wenn mit der Reihe „die Probe stimmt" und es in dem Bereiche nur eine **einzige** Lösung gibt.

Der Beweis der letzten Bedingung wäre bei vielen Beispielen mit Schwierigkeiten verknüpft. Wir können ihn aber durch unser Näherungsverfahren der vorigen Nummer für alle Fälle als erbracht ansehen, in denen die Dgln. die Bedingungen jenes Verfahrens erfüllen. Der Erfolg des neuen Verfahrens ist dann also noch daran geknüpft, daß für die entstehende Potenzreihe ein Konvergenzbereich nachgewiesen werden kann.

Wenden wir unser neues Verfahren auf die in Nr. 5 behandelte Dgl. (I) $y' = 2xy$ an, so erhalten wir der Reihe nach

(1') $\quad y = a_0 + a_1 x + a_2 x^2 + \cdots + a_{2n} x^{2n} + a_{2n+1} x^{2n+1} + \cdots$,

(2') $\begin{cases} y' = a_1 + 2 a_2 x + \cdots + 2 n a_{2n} x^{2n-1} + (2n+1) a_{2n+1} x^{2n} + \cdots \\ = 2xy = 2 a_0 x + \cdots + 2 a_{2n-2} x^{2n-1} + 2 a_{2n-1} x^{2n} + \cdots. \end{cases}$

Daraus folgt

$$a_1 = 0, \quad 2 a_2 = 2 a_0, \quad \ldots, \quad 2n a_{2n} = 2 a_{2n-2},$$
$$(2n+1) a_{2n+1} = 2 a_{2n-1}, \ldots$$

und daraus durch **vollständige Induktion**

II. Gewöhnliche Differentialgleichungen erster Ordnung

$$a_{2n} = \frac{a_0}{n!}, \quad a_{2n+1} = 0.$$

Man erhält also

(3') $$y = a_0 \sum_{n=0}^{\infty} \frac{x^{2n}}{n!}.$$

Daß diese Reihe sogar für jedes x konvergiert, folgt schon daraus, daß sie, wie wir es natürlich schon in der vorigen Nummer hätten bemerken können, gleich $a_0 e^{x^2}$ ist.

Offenbar ist das Verfahren dann besonders nützlich, wenn sich für die Koeffizienten a_n wie in unsern beiden Beispielen ein einfaches B i l d u n g s g e s e t z ergibt. Denn dann ist gewöhnlich nicht nur der K o n v e r g e n z b e r e i c h leicht festzustellen, sondern man ist der Erkenntnis der Funktion, die der gegebenen Dgl. genügt, um einen erheblichen Schritt näher gekommen (vgl. dazu Nr. 3).

Aufg.: Löse durch die Methode der Potenzreihen die Dgln.

1. $y' = 3x^2 y$,   2. $y' = Ax + By$,   3. $y' = y^2$,

4. $y' = 2xy^2$,   5. $y' = \dfrac{y}{1+x}$

und gib jedesmal den Konvergenzbereich an!

7. Trennung der Veränderlichen. Unsere nächste Aufgabe wäre es nun eigentlich, zu untersuchen, was für eine Rolle die s i n g u l ä r e n P u n k t e einer Dgl. (I_6) für ihre Integrale spielen. Allein es ist zweckmäßig, zuvor einige Arten von Dgln. dadurch zu integrieren, daß wir ihre Integrale in Gestalt von bekannten Funktionen wirklich angeben.

Die erste Methode, solche Integrale zu ermitteln, ist die der *Trennung der Veränderlichen*. Wir setzen sie an den drei ersten Beispielen (I_3) auseinander.

An Stelle von $y' = \dfrac{y}{x}$ kann man $\dfrac{dy}{y} = \dfrac{dx}{x}$ schreiben. Nun sind die Veränderlichen g e t r e n n t: x steht noch im einen, y im andern Glied der Gleichung. Durch Integration „vom Punkt $x_0 | y_0$ aus" folgt

$$\int_{y_0}^{y} \frac{dy}{y} = \int_{x_0}^{x} \frac{dx}{x}, \quad \ln\frac{y}{y_0} = \ln\frac{x}{x_0}, \quad y = \frac{y_0}{x_0} x$$

oder, wenn man statt des Bruches $\dfrac{y_0}{x_0}$ die eine Konstante C

einführt, $y = Cx$. Das Ergebnis der geometrischen Integration in Nr. 4 bestätigt sich also. Auf demselben Wege löse der Leser das zweite Beispiel $y' = A\frac{y}{x}$. Er wird $y = Cx^A$ finden. Die Dgl. $y' = -\frac{x}{y}$ endlich schreiben wir in der Form $y\,dy + x\,dx = 0$ und erhalten der Reihe nach

$$\int_{y_0}^{y} y\,dy + \int_{x_0}^{x} x\,dx = 0, \quad \frac{y^2 - y_0^2}{2} + \frac{x^2 - x_0^2}{2} = 0,$$

$x^2 + y^2 = x_0^2 + y_0^2$ oder $x^2 + y^2 = C$. Wir stellen die Lösungen zusammen:

(I_3)′ $\qquad y = Cx, \; y = Cx^A, \; x^2 + y^2 = C.$

Die der zweiten Gleichung sind die sog. **Potenzkurven**, die der dritten konzentrische Kreise um den Ursprung.

Aufg.: Löse durch Trennung der Veränderlichen die Dgln.
1. $y' = 2xy$ (vgl. Nr. 4. u. 5.), 2. $y' = \frac{y^2}{2x}$ (vgl. Aufg. 4. von Nr. 4),
3. $y' = \frac{x^2}{y^2}$, 4. $y' = y^2$, 5. $y' = 2xy^2$, 6. $y' = \frac{y}{1+x}$

und untersuche die Lösungskurven.

8. Homogene Differentialgleichungen. Man hätte die drei Dgln. auch noch auf andere Art lösen können. Ihre rechte Seite ist ja entweder der Bruch $\frac{y}{x}$ oder eine ganz einfache Funktion desselben. Die allgemeine Form einer solchen Dgl. ist

(I_3)$_5$ $\qquad\qquad y' = f\left(\frac{y}{x}\right).$

Man nennt sie *homogen*.

Die Trennung der Veränderlichen gelingt hier dadurch, daß man den Bruch $\frac{y}{x}$ als **neue Veränderliche** einführt. Voraussetzung ist dabei natürlich, daß man das kann, d. h. daß $\frac{y}{x}$ keine **Konstante** ist. Wäre $\frac{y}{x}$ gleich der Konstanten m, also $y = mx$, $y' = m$, so müßte nach (I_3)$_5$ $m = f(m)$ sein. Das bedeutet: alle Geraden $y = mx$, für welche $m = f(m)$ ist, sind Lösungen der Dgl. Sie können, wie wir sehen werden, aber müssen nicht unter den andern Lösungen enthalten sein, sind also besonders zu erwähnen.

24 II. Gewöhnliche Differentialgleichungen erster Ordnung

Setzt man nun $\frac{y}{x}$ gleich der Veränderlichen t, so erhält man $y = xt$, $y' = t + x\frac{dt}{dx}$, also aus

$(I_3)_5 \qquad t + x\frac{dt}{dx} = f(t), \qquad \frac{dx}{x} = \frac{dt}{f(t)-t}$

und daraus

$(I_3')_5 \qquad \ln x = \int \frac{dt}{f(t)-t} + \text{const.}$

oder auch $\qquad x = C \exp\left(\int \frac{dt}{f(t)-t}\right).$ [1])

Man sieht, daß für die Durchführung der Rechnung der zuvor behandelte Fall $t = f(t)$ ausgeschlossen ist. Die Lösungskurven selbst erhält man durch Elimination von t aus $(I_3)_5$ und $y = xt$.

Man erkennt, daß sich für x eine Gleichung von der Form $x = CF(t)$ ergibt. Das allgemeine Integral von $(I_3)_5$ hat also die Form

$(I_3)_5' \qquad x = CF\left(\frac{y}{x}\right).$

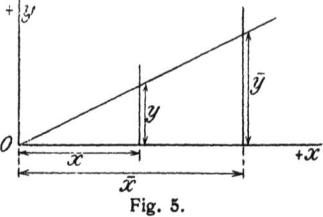

Setzt man in dieser Gleichung $x = \lambda\bar{x}$, $y = \lambda\bar{y}$, so erhält man $x = \bar{C}F\left(\frac{\bar{y}}{\bar{x}}\right)$, wo $\bar{C} = \frac{C}{\lambda}$ ist. Geometrisch bedeutet dies: Übt man auf eine Lösungskurve einer homogenen Dgl. eine Ähnlichkeitstransformation mit

Fig. 5.

dem Nullpunkt als Ähnlichkeitspunkt aus, so erhält man wieder eine Lösungskurve. Oder: die Lösungskurven bilden eine Schar ähnlich gelegener Kurven. Das zeigt übrigens die Dgl. selbst: sie ist unveränderlich, invariant gegenüber der Transformation $x = \lambda\bar{x}$, $y = \lambda\bar{y}$.

Wir wenden das Gefundene sogleich auf die Dgl. $(I_3)_4$ an. Hier ist $f(t) = \frac{A_1 + B_1 t}{A_2 + B_2 t}$.[2]) Besondere Lösungen der Dgl. sind also die Geraden $y = tx$, für welche $\frac{A_1 + B_1 t}{A_2 + B_2 t} - t = 0$, d. h.

(a) $\qquad A_1 + (B_1 - A_2) t - B_2 t^2 = 0$

ist. Die allgemeine Lösung ergibt sich aus

---

1) Aus typographischen Gründen gebrauchen wir statt e^x hie und da die Bezeichnung exp x.

2) Im Falle $A_1 B_2 - A_2 B_1 = 0$ wäre $A_1 = \lambda A_2$, $B_1 = \lambda B_2$ und daher $y' = \lambda$, also von x und y ganz unabhängig, was wir natürlich ausschließen.

Homogene Differentialgleichungen

$$\ln x = \int \frac{A_2 + B_2 t}{A_1 + (B_1 - A_2) t - B_2 t^2} \, dt + \text{const.}$$

Da zeigen sich nun verschiedene Möglichkeiten.

(1). Ist $B_2 = 0$, also wegen $A_1 B_2 - A_2 B_1 \neq 0$ weder $A_2 = 0$ noch $B_1 = 0$, aber $A_2 = B_1$, so lautet die Dgl., wenn man $A_1 = m$, und weil es auf einen gemeinsamen Faktor in Zähler und Nenner von $f\left(\frac{y}{x}\right)$ nicht ankommt, $A_2 = B_1 = 1$ setzt

(1) $$y' = m + \frac{y}{x}.$$

Das Integral wird $\ln x = \frac{t}{m} + \text{const.}$ oder, wenn wir die Konstante gleich $-\frac{C}{m}$ setzen, wo nun C willkürlich ist, $t = m \ln x + C$. Wegen $y = tx$ folgt also als allgemeines Integral

(1') $$y = Cx + mx \ln x,$$

das für $m = 0$ den Fall der Dgl. (I$_3$)$_1$ umschließt und (nur in diesem Fall) auch die der Gleichung (a) entsprechenden (unendlich vielen!) Lösungen darstellt.

(2). Ist $B_2 = 0$, $A_2 \neq B_1$, so setzen wir, da es auf einen gemeinsamen Faktor von A_1, B_2, A_2 nicht ankommt, $B_1 - A_2 = 1$, also, mit $A_1 = -m$, $A_2 = \nu$, $B_1 = 1 + \nu$, so daß die Dgl. lautet

(2) $$y' = \frac{-mx + (1+\nu) y}{\nu x}.$$

Das Integral wird $\ln x = \int \frac{\nu \, dt}{t - m} + \text{const.}$ oder $x = C(t-m)^\nu$. Wegen $y = tx$ folgt daraus als allgemeines Integral

(2') $$x^{\nu+1} (y - mx)^{-\nu} = C \quad \text{oder} \quad y = x \left\{ \left(\frac{x}{C}\right)^{\frac{1}{\nu}} + m \right\},$$

für den Grenzfall $C \to \infty$ ist darin auch die der Gleichung (a) entsprechende Lösung $y = mx$ enthalten. Ist ν **rational**, so stellt (2') eine Schar (rationaler) algebraischer Kurven dar, $\nu = 1$ liefert Parabeln, $\nu = 2$ schiefe NEILsche Parabeln usf.

Sei jetzt $B_2 \neq 0$. Dann hat die Nennerfunktion

$$A_1 + (B_1 - A_2) t - B_2 t^2$$

$\left\{\begin{array}{l}\text{zwei reelle und verschiedene} \\ \text{zwei reelle und gleiche} \\ \text{zwei imaginär konjugierte} \\ \text{Nullstellen, je nachdem}\end{array}\right.$ $\begin{array}{l}(B_1 - A_2)^2 + 4 A_1 B_2 \quad \text{oder} \quad \varDelta \equiv \\ (A_2 + B_1)^2 + 4 (A_1 B_2 - A_2 B_1) \gtreqless 0 \\ \text{ist.}\end{array}$

Bei der Durchführung der Rechnung beschränken wir uns aber in jedem der Fälle auf ein typisches Beispiel.

II. Gewöhnliche Differentialgleichungen erster Ordnung

(3). Im ersten Fall seien 0 und m die reellen Nullstellen. Dann muß $A_1 = 0$ sein. Setzt man $B_2 = 1$, $A_2 = \varrho_1$, $B_1 = \varrho_2$, so wird $m = B_1 - A_2 = \varrho_2 - \varrho_1$, und man erhält als Dgl.

$$(3) \qquad y' = \frac{\varrho_2 y}{\varrho_1 x + y}.$$

Das Integral wird [1])

$$\ln x = \int -\frac{t + \varrho_1}{t(t-m)} dt + \text{const.} = \int \left(\frac{\varrho_1}{m}\frac{1}{t} - \frac{\varrho_2}{m}\frac{1}{t-m}\right) dt + \text{const.}$$

oder $x = C t^{\frac{\varrho_1}{m}} (t-m)^{-\frac{\varrho_2}{m}}$. Mit $t = \frac{y}{x}$ folgt daraus

$$x \cdot x^{\frac{\varrho_1}{m}} \cdot x^{-\frac{\varrho_2}{m}} = 1 = C y^{\frac{\varrho_1}{m}} (y - m x)^{-\frac{\varrho_2}{m}}$$

oder wenn man in die m^{te} Potenz erhebt und eine neue Konstante einführt

$$(3') \qquad y^{\varrho_1} [y - (\varrho_2 - \varrho_1) x]^{-\varrho_2} = C'.$$

Die Ähnlichkeit von (3) und (3') mit (2) nnd (2') springt in die Augen. Tatsächlich geht (3) in (2) über, wenn man x und y vertauscht und $\varrho_1 = -\frac{1+\nu}{m}$, $\varrho_2 = -\frac{\nu}{m}$ setzt.

(4). Im zweiten Fall ($\varDelta = 0$) sei 0 die doppelte Nullstelle. Dann muß $A_1 = 0$ und $B_1 = A_2$ sein. Sei $B_1 = A_2 = \frac{1}{m}$, $B_2 = 1$, so wird die Dgl.

$$(4) \qquad y' = \frac{y}{x + m y}.$$

Diese geht aber, wenn man x und y vertauscht, in die Dgl. (1) über, gibt also wie (3) nichts Neues.

(5). Im dritten Fall seien $+i$ und $-i$ die Nullstellen. Dann wird $B_1 = A_2$. Sei $B_1 = A_2 = \nu$, $B_2 = -1$, dann wird $A_1 = +1$. Die Dgl. lautet

$$(5) \qquad y' = \frac{x + \nu y}{\nu x - y}.$$

Das Integral wird

$$\ln x = \int \frac{-t + \nu}{t^2 + 1} dt = -\frac{1}{2} \ln (t^2 + 1) + \nu \arctg t + \text{const.}$$

oder $x^2 (t^2 + 1) = C \exp (2 \nu \arctg t)$.

Mit $t = \frac{y}{x}$ folgt daraus

$$(5') \qquad x^2 + y^2 = C \exp \left(2 \nu \arctg \frac{y}{x}\right).$$

Für $C = 0$ enthält diese Gleichung auch die der Gleichung (a) entsprechenden Lösungen. Für $\nu = 0$ sind die Lösungskurven Kreise um 0|0, andernfalls logarithmische Spiralen.

---
1) Vgl. Wt. II, S. 36.

Aufg.: Integriere folgende homogene Dgln. und untersuche soweit möglich die Lösungskurven:

1. $y' = A \dfrac{x}{y}$. 2. $y' = \dfrac{A_1 x + B_1 y}{-B_1 x + B_2 y}$ (besonderer Fall von (3)!).

3. $y' = \dfrac{-\alpha x^2 + \gamma y^2}{2 x (\beta x + \gamma y)}$. 4. $y' = \dfrac{y(3 x^2 + \alpha y^2)}{x(x^2 - \alpha y^2)}$.

5. $y' = \dfrac{2y(\beta x^4 + 2 x^2 y^2 + \alpha y^4)}{x[\beta x^4 + (3-\alpha\beta) x^2 y^2 + \alpha y^4]}$.

(In den Beispielen 2. bis 5. kann man den Nenner des Integranden von $\ln x$ in Faktoren zerlegen!)

9. Die lineare Differentialgleichung. Variation der Konstanten. Wir kommen jetzt zu einer weiteren Klasse von Dgln., deren Lösungen durch **Quadraturen** gefunden werden können. Verlangt man von der Dgl. (I_6) $y' = f(x, y)$, daß, wenn y eine Lösung ist, auch Cy eine Lösung sein soll, wo C eine willkürliche Größe ist, so muß $Cy' = f(x, Cy)$ sein. Die Funktion $f(x, y)$ muß also für jeden Wert von C der Funktionalgleichung $f(x, y) = \dfrac{1}{C} f(x, Cy)$ genügen. Setzt man $C = \dfrac{1}{y}$, so folgt sofort $f(x, y) = y \cdot f(x, 1)$, d. h. $f(x, y)$ ist eine **homogene**[1]) lineare Funktion von y. Die Dgl. lautet dann (I) $y' = f(x) \cdot y$ und heißt eine *homogene lineare Differentialgleichung* 1. Ordnung. Durch **Trennung der Veränderlichen** erhält man sofort $\dfrac{dy}{y} = f(x)\,dx$ und daraus $\ln y = \int f(x)\,dx + $ const. oder

$\overline{(I_4)_2'}$. $y = C \exp \int f(x)\,dx$.

Für die einfachste solche Dgl. ist $f(x) = $ const. $= A$ und man hat (vgl. $(I_2)_2$!) $y = C \exp Ax$.

Schreibt man die Dgl. $(I_4)_2$ in der Form $y' - f(x) \cdot y = 0$, so nennt man sie auch eine **verkürzte** lineare Dgl. im Gegensatz zu der **unverkürzten**

$(I_4)_3$ $y' - f(x) \cdot y = g(x)$,

deren rechte Seite eine gegebene Funktion von x ist.

---

[1]) Beachte die verschiedene Bedeutung des Wortes **homogen** hier und in der vorigen Nr.

II. Gewöhnliche Differentialgleichungen erster Ordnung

LAGRANGE (1736—1813) gab zur Lösung einer solchen Dgl. ein Verfahren an, das weitreichender wichtiger Verallgemeinerung fähig ist, die *Methode der Variation der Konstanten.*

Ist C konstant, so genügt die Funktion $(I_4)_2'$ der homogenen Gleichung $(I_4)_2$. Nimmt man jetzt an, C sei eine Funktion von x, so genügt die Funktion $(I_4)_2'$ sicherlich nicht mehr der Gleichung $(I_4)_2$. Kann man $C(x)$ vielleicht so bestimmen, daß die Funktion $(I_4)_2'$ der unverkürzten Gleichung $(I_4)_3$ genügt? Wir machen die Probe.

Es ist $\quad y = C(x) \cdot \exp \int f(x)\,dx.\quad$ Daraus folgt

$$y' = C'(x) \exp \int f(x)\,dx + f(x)\,y.$$

Andrerseits soll $y' = f(x)\,y + g(x)$ sein. Daraus ergibt sich sofort $C'(x) = g(x) \cdot \exp\left(-\int f(x)\,dx\right)$,

$$C(x) = \int g(x) \exp\left(-\int f(x)\,dx\right) dx + \text{const.}$$

Man erhält daher als Lösung von $(I_4)_3$, wenn man die Konstante wieder mit C bezeichnet,

$(I_4)_3'\quad y = \left\{\int g(x) \cdot \exp\left(-\int f(x)\,dx\right) dx + C\right\} \cdot \exp \int f(x)\,dx.$

So hat z. B. die Dgl. $(I_4)_1\ y' = Ay + g(x)$ die Lösung

$(I_4)_1'\qquad y = \left\{\int g(x) e^{-Ax}\,dx + C\right\} e^{Ax}.$

Zwei Fälle der Dgl. (I) sind für den Physiker von besonderer Wichtigkeit:

(1). Der Fall $g(x) = \text{const.} = B$ liefert das allgemeine Integral $y = -\dfrac{B}{A} + C \cdot e^{Ax}$. Den Anfangsbedingungen $x = 0\,|\,y = 0$ entspricht der Wert $\dfrac{B}{A}$ von C und das partikuläre Integral $y = -\dfrac{B}{A}(1 - e^{Ax})$. Ist z. B. J der elektrische Strom, der in einer Gleichstromleitung von der Spannung E, dem Widerstand W und der Selbstinduktion L fließt, so gilt für den Stromverlauf die Dgl. $L\dfrac{dJ}{dt} + WJ = E$. Hier ist $x = t$, $y = J$, $A = -\dfrac{W}{L}$, $B = \dfrac{E}{L}$, und man erhält das Integral $J = \dfrac{E}{W}\left(1 - e^{-\frac{W}{L}t}\right)$. Der abklingende Extrastrom ist $\dfrac{E}{W} e^{-\frac{W}{L}t}$.

Die lineare Differentialgleichung

(2). Der Fall $g(x) = B \sin \omega x$ liefert das allgemeine Integral[1])

$$y = -\frac{B}{A^2 + \omega^2} (A \sin \omega x + \omega \cos \omega x) + C e^{Ax}.$$

Den Anfangsbedingungen $x = 0 \mid y = 0$ entspricht das **partikuläre Integral**

$$y = -\frac{B}{A^2 + \omega^2} (A \sin \omega x + \omega \cos \omega x) + \frac{B \omega}{A^2 + \omega^2} e^{Ax}.$$

Ist z. B. J der elektrische Strom, der in einer Wechselstromleitung von der Wechselspannung $E = E_0 \sin \omega t$, dem Widerstand W und der Selbstinduktion L fließt, so gilt die Dgl.

$$L \frac{dJ}{dt} + WJ = E_0 \sin \omega t.$$

Es ist also $x = t$, $y = J$, $A = \frac{W}{L}$, $B = \frac{E_0}{L}$ zu setzen und man erhält

$$J = \frac{E_0}{W^2 + L^2 \omega^2} (W \sin \omega t - L \omega \cos \omega t) + \frac{E_0 L \omega}{W^2 + L^2 \omega^2} e^{-\frac{W}{L}t}.$$

Setzt man noch $W = W' \cos \gamma$, $L\omega = W' \sin \gamma$, so hat man $tg \gamma = \frac{L\omega}{W}$, $W' = \sqrt{W^2 + L^2 \omega^2}$.

Daher ist $J = \frac{E_0}{W'} \sin(\omega t - \gamma) + \frac{E_0 L \omega}{W'^2} e^{-\frac{W}{L}t}$. Wegen der Deutung dieser Gleichung sei auf die Lehrbücher der Physik verwiesen.

---

[1]) Das Integral $J_1 = \int e^{ax} \sin bx \, dx$ berechnet man am raschesten zusammen mit dem Integral $J_2 = \int e^{ax} \cos bx \, dx$ so: Es ist nach EULER (1707—83) $\cos x + i \sin x = e^{ix}$, also

$$J_2 + i J_1 = \int e^{(a+bi)x} dx = \frac{e^{(a+bi)x}}{a + bi}$$

$$= e^{ax} \frac{(a - bi)(\cos bx + i \sin bx)}{a^2 + b^2}$$

$$= e^{ax} \frac{a \cos bx + b \sin bx + i(a \sin bx - b \cos bx)}{a^2 + b^2}.$$

Daher $J_1 = e^{ax} \frac{a \sin bx - b \cos bx}{a^2 + b^2}$,

$J_2 = e^{ax} \frac{a \cos bx + b \sin bx}{a^2 + b^2}$.

II. Gewöhnliche Differentialgleichungen erster Ordnung

Aufg.: Integriere folgende lineare Dgln. und untersuche die Lösungskurven:

1. $y' = Ax + By$, $B \neq 0$.
2. $xy' - Ay = x^\nu$ $\begin{pmatrix} \nu \neq A,\ \text{z. B.}\ \nu = 2,\ A = 1 \\ \text{u.}\ \nu = 1,\ A = -1;\ \nu = A \end{pmatrix}$.
3. $(x^2 \pm a^2)\,y' - 2xy + m\,(x^2 \mp a^2) = 0$
4. $x(x-a)\,y' - ay = \alpha x^2 - 2\alpha ax - \gamma$.
5. $x(x^2 + 2\beta x + \gamma)\,y' + (-x^2 + \gamma)\,y = -2A(x+\beta)$.
6. $2xy' - y = mx$.
7. $(x^2 \pm a^2)\,y' - xy = \pm ma^2$.
8. $(a^2 - x^2)\,y' + xy = ma^2$.
9. $y' = (x^2 + y^2) : 2y$.

(Setzt man hier $y^2 = z$, so erhält man die lineare Dgl. $z' = z + x^2$. Als Lösung folgt $y^2 = Ce^x - x^2 - 2x - 2 = C - 2 + (C-2)x$
$+ \dfrac{C-2}{2} x^2 + \dfrac{C}{6} x^3 + \dfrac{C}{24} x^4 + \cdots$ Nur für $C = 2$ liegt der Nullpunkt selbst auf einer Lösungskurve und ist Spitze. Für $C > 2$ wird er von den Lösungskurven umschlossen, für $C < 2$ nicht erreicht.)

Bemerkung. In dieser Nr. war der Differentialquotient y' eine lineare Funktion von y. Die nächst höhere Aufgabe ist die Integration von (I_5) $y' = f(x)\,y^2 + 2g(x)\,y + h(x)$. Eine solche Dgl. heißt nach dem Grafen RICCATI (1676 bis 1754), der sich zuerst mit einem besonderen Fall von ihr beschäftigt hat, eine *Riccatische*. Ihre Lösung ist nur in besonderen Fällen eine bekannte Funktion oder durch Quadraturen zu ermitteln: sie definiert also eine ganz neue Funktionsklasse. Wegen ihrer Behandlung sei der Leser z. B. auf SCHLESINGER, Einführung in die Theorie der gewöhnlichen Differentialgleichungen auf funktionentheoretischer Grundlage, Berlin 1922, verwiesen.

10. Singuläre Stellen einer Differentialgleichung. Wir nannten so in Nr. 4 Stellen, denen kein eindeutig bestimmter Wert von y' zukommt. Für ihre Umgebung versagt die LIPSCHITZsche Bedingung. Wie verhalten sie sich zu den Lösungskurven?

Beschränken wir uns zunächst auf die Dgl. $(I_3)_4$. Für sie sind alle Stellen singulär, in denen der Nenner $A_2 x + B_2 y$ verschwindet. Verschwindet dann nicht auch der Zähler, so

Singuläre Stellen einer Differentialgleichung

hat die betr. Stelle nur die geometrische Besonderheit einer Tangente senkrecht zur x-Achse. Anders, wenn gleichzeitig Zähler und Nenner verschwinden, d. h. beim Ursprung 0|0. Wie verhält sich dieser zu den Integralkurven?

Wir erhalten, wenn wir uns auf die in Nr. 8 behandelten typischen Fälle beschränken, folgende Übersicht:

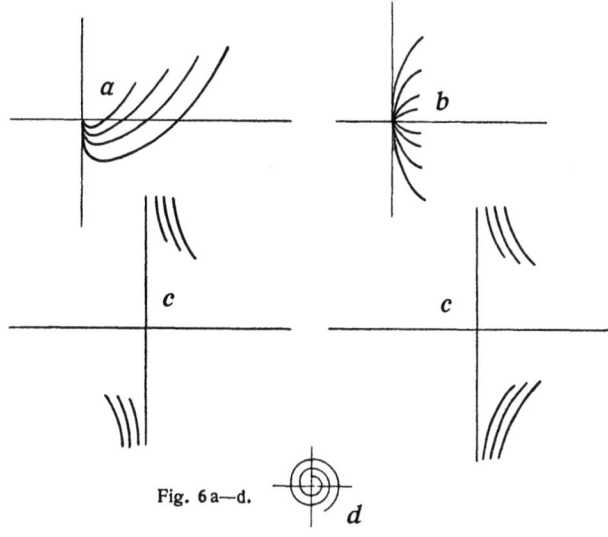

Fig. 6 a—d.

(1). Die Lösungskurven $y = Cx + mx \ln x$, $m \neq 0$, der Dgl. $y' = m + \frac{y}{x}$ münden wegen $\lim\limits_{x \to 0} x \ln x = 0$ alle im Ursprung und haben dort wegen $y' = C + m + m \ln x$ die y-Achse zur Tangente. Der Ursprung ist für die Integralkurve also ein *Knotenpunkt* mit gemeinsamer Tangente (Fig. 6a).

(2). Die Lösungskurven $x^{\nu+1}(y-mx)^{-\nu} = C$, $C \neq 0$ der Dgl. $y' = \dfrac{-mx + (1+\nu)y}{\nu x}$, $\nu \neq 0$ und $\neq -1$ gehen für $\nu > 0$ und $\nu < -1$ durch 0|0 und haben dort für $\nu > 0$ die Gerade $y = mx$, für $\nu < -1$ die y-Achse zur Tangente. Der Ursprung ist also wiederum Knotenpunkt (Fig. 6b). Für $-1 < \nu < 0$ ist die y-Achse Asymptote. Man nennt den Ursprung einen *Sattelpunkt* (Fig. 6c).

(5). Die Lösungskurven $x^2 + y^2 = C \exp\left(2\,\nu\,\text{arctg}\,\dfrac{y}{x}\right)$ der Dgl. $y' = \dfrac{x + \nu y}{\nu x - y}$ sind für $\nu = 0$ Kreise um $0\,|\,0$, also geschlossene Kurven. Man heißt den Ursprung einen *Wirbelpunkt*. Für $\nu \neq 0$ nähern sich die Integralkurven dem Ursprung asymptotisch. Man spricht dann von einem *Strudelpunkt* (Fig. 6d).

Ist die gegebene Dgl. von der Form $y' = \dfrac{A_1 x + B_1 y + \varphi_1(x,y)}{A_2 x + B_2 y + \varphi_2(x,y)}$, wo φ_1 und φ_2 ganze rationale Funktionen (oder Potenzreihen) von x und y sind mit Gliedern niederster Dimension ≥ 2, so ist der Ursprung, von besonderen Fällen abgesehen, wiederum ein singulärer Punkt der soeben aufgezählten vier Arten. Doch können wir darauf nicht näher eingehen.

III. GEWÖHNLICHE DIFFERENTIALGLEICHUNGEN ERSTER ORDNUNG UND HÖHEREN GRADES

11. *Geometrisches Bild. Die Existenz der Integrale.* Wir sahen, daß die Lösung einer Dgl. $y' = f(x,y)$ eine **willkürliche Konstante** C enthält. Das bedeutet geometrisch, daß sie nicht nur eine einzige Kurve, sondern eine ganze **Kurvenschar** darstellt. Man kann umgekehrt fragen: Gehört zu einer gegebenen Kurvenschar eine Dgl.?

Ehe wir diese Frage beantworten, zeigen wir kurz, wie man zu einer nicht **explizit,** d. h. in der aufgelösten Form $y = F(x)$, sondern **implizit,** d. h. vermöge einer Gleichung $F(x,y) = 0$ gegebenen Funktion y von x die Ableitung y' bestimmt. Das Nächstliegende wäre, wie etwa im Beispiel

(1) $\quad F(x,y) = A x^2 + 2 B x y + C y^2 + 2 D x + 2 E y + F = 0$

die Gleichung nach y aufzulösen und dann erst die Ableitung y' zu bilden. Abgesehen davon, daß dieses Verfahren zu umständlichen Rechnungen führt, versagt es ganz bei Gleichungen fünften und höheren Grades in y oder gar bei transzendenten Gleichungen wie

(2) $\quad\quad\quad\quad x y = \exp(x + y)$.

Man geht nun so vor: Für den Kurvenpunkt $x\,|\,y$ ist $F(x,y) = 0$, für den Kurvenpunkt $x + \varDelta x \,|\, y + \varDelta y$ aber $F(x + \varDelta x, y + \varDelta y) = 0$. Dann gilt auch

$F(x + \varDelta x, y + \varDelta y) - F(x, y + \varDelta y) + F(x, y + \varDelta y) - F(x,y) = 0$

oder $\quad\quad \dfrac{F(x + \varDelta x, y + \varDelta y) - F(x, y + \varDelta y)}{\varDelta x}$

Geometrisches Bild. Die Existenz der Integrale

$$+ \frac{F(x, y + \Delta y) - F(x, y)}{\Delta y} \cdot \frac{\Delta y}{\Delta x} = 0.$$

Daraus folgt weiter unter der Annahme, die wir hier nicht weiter prüfen können, daß der doppelte Grenzübergang lim $\Delta x \to 0$, lim $\Delta y \to 0$ erlaubt sei:

$$\lim_{\substack{\Delta x \to 0 \\ \Delta y \to 0}} \frac{F(x + \Delta x, y + \Delta y) - F(x, y + \Delta y)}{\Delta x}$$

$$+ \lim_{\Delta y \to 0} \frac{F(x, y + \Delta y) - F(x, y)}{\Delta y} \cdot \lim_{\substack{\Delta x \to 0 \\ \Delta y \to 0}} \frac{\Delta y}{\Delta x} = 0.$$

Bezeichnet man nach C. G. J. JACOBI (1804—51) die Ableitung von $F(x, y)$ nach x bei festgehaltenem y mit $\frac{\partial F}{\partial x}$ (lies „partielle Ableitung von F nach x"), die nach y bei festgehaltenem x mit $\frac{\partial F}{\partial y}$, so ergibt sich $\frac{\partial F}{\partial x} + \frac{\partial F}{\partial y} y' = 0$ als Gleichung ersten Grades für y'. Für die beiden Beispiele (1) und (2) erhält man so

$$y' = -\frac{Ax + By + D}{Bx + Cy + E} \text{ und } y' = \frac{\exp(x+y) - y}{x - \exp(x+y)}.$$

Ist nun eine von einem Parameter C abhängige Kurvenschar (3) $F(x, y, C) = 0$ gegeben, so hat man nur diesen Parameter C aus der Gleichung der Schar und der Gleichung

(3') $$\frac{\partial F(x, y, C)}{\partial x} + \frac{\partial F(x, y, C)}{\partial x} y' = 0$$

für die Ableitung y' zu eliminieren, um sofort die Dgl.

(4) $$f(x, y, y') = 0$$

dieser Kurvenschar zu bekommen.

Beispielsweise hat das Kreisbüschel

(5) $$x^2 + y^2 + 2Cx = 0,$$

dessen Kreise alle die y-Achse im Ursprung berühren, die Dgl.

(5') $$2xyy' + x^2 - y^2 = 0$$

und umgekehrt führt diese, als homogene integriert, wieder auf das Kreisbüschel zurück. Ist, wie in diesem Fall, die Gleichung der Kurvenschar in C vom ersten Grad, so wird auch die Dgl. vom ersten Grad in y'. Die Gleichung der Kurvenschar ist dann von der Form $\varphi(x, y) + C \psi(x, y) = 0$.

Math.-phys. Bibl. 72: Fladt, Gewöhnl. Differentialgleichungen.

III. Gewöhnliche Differentialgleichungen höheren Grades

Sie stellt ein sog. **Kurvenbüschel** vor, d. h. eine Schar von Kurven, die alle durch eine Anzahl von festen Punkten, **Grundpunkten**, die Schnittpunkte der Kurven $\varphi(x, y) = 0$ und $\psi(x, y) = 0$ hindurchgehen. Durch einen beliebigen andern Punkt $x_0|y_0$ der Ebene geht eine und nur eine Kurve $\psi(x_0, y_0) \varphi(x, y) - \varphi(x_0, y_0) \psi(x, y) = 0$ des Büschels.

Ist aber die Gleichung (3) in C vom Grad $n > 1$, so wird die Dgl. (4) im allgemeinen ebenfalls vom Grad $n > 1$ in y' sein. So führt die quadratische Schar von Parabeln

(6) $\qquad C^2 - 2Cx + y^2 = 0 \quad \text{oder} \quad y^2 = 2C\left(x - \frac{C}{2}\right)$

zur quadratischen Dgl.

(6') $\qquad\qquad yy'^2 - 2xy' + y = 0.$

Die Gleichung $F(x, y, C) = 0$ der Kurvenschar ordnet „im allgemeinen", d. h. abgesehen von besonderen Fällen, einem beliebigen Punkt der Ebene n durch ihn gehende Kurven der Schar zu, die Dgl.

(4) $\quad \begin{cases} f(x, y, y') \equiv \varphi_0(x, y) y'^n + \varphi_1(x, y) y'^{n-1} + \cdots \\ \qquad + \varphi_{n-1}(x, y) y' + \varphi_n(x, y) = 0 \end{cases}$

ebenso jedem „allgemeinen" Punkt der Ebene n Richtungen y'. Während aber die Aufgabe, zu einer gegebenen Kurvenschar die zugehörige Dgl. zu bestimmen, stets lösbar ist, ist die umgekehrte Aufgabe ein Problem, dessen Schwierigkeit „proportional dem Grade der Dgl." wächst.

Die Existenz der Lösungen der Dgl. (4) ergibt sich daraus, daß man ihr für die Umgebung einer bestimmten Stelle $x|y$ im allgemeinen durch n Reihenentwicklungen $y' = P(x, y)$ genügen kann, die dann ebenso viele Dgln. erster Ordnung und ersten Grades darstellen, deren Lösungen nach dem Früheren unter gewissen Bedingungen existieren. Wir wollen im folgenden den Existenzbeweis dadurch erbringen, daß wir einige Beispiele von Dgln. entweder durch bekannte Funktionen integrieren oder wenigstens auf Quadraturen zurückführen.

Aufg.: Bestimme Gestalten und Dgln. folgender Kurvenscharen und zeichne die durch einen Punkt $x_0 | y_0$ gehenden Kurven der Schar samt den Linienelementen:

Differentialgleichungen von der Form $x=f(y')$ oder $y=f(y')$ 35

1. $xC^2 - yC + a = 0$.   2. $(x-C)^2 + y^2 = r^2 - C^2$.
3. $(x-y)^2 - 2C(x+y) + C^2 = 0$ 4. $y^2 + 2Cx + C^3a^2$.

12. *Differentialgleichungen von der Form* $x = f(y')$ *oder* $y = f(y')$. Was zunächst die Dgl.

$(II_1)_1$ $\qquad\qquad y'^2 = Ax$

anbelangt, so erhält man durch Auflösen nach y' sofort

$$y' = \pm \sqrt{Ax}, \qquad y = \pm \frac{2}{3}x\sqrt{Ax} + C,$$

$(II_1)_1'$ $\qquad\qquad (y-C)^2 = \frac{4A}{9}x^3,$

also eine Schar NEILscher Parabeln, deren Spitzen auf der y-Achse liegen.

Lautet die Dgl. aber

$(II_1)_2$ $\qquad\qquad x = Ay' + By'^3,$

so wäre das Auflösen nach y' mindestens sehr beschwerlich. Man verfährt hier so, daß man die Ableitung y' als neue Veränderliche p einführt. Ist allgemein

$(II_1)_3$ $\qquad\qquad x = f(y') = f(p),$

so erhält man aus $y' = p$ sofort $y = \int p\,dx$ und daraus durch partielle Integration $y = px - \int x\,dp = pf(p) - \int f(p)\,dp$.

In unserem Beispiel $(II_1)_2$ ergibt sich so für die Kurvenschar die Parameterdarstellung

$(II_1)_2'$ $\quad x = Ap + Bp^3, \qquad y = \frac{A}{2}p^2 + \frac{3B}{4}p^4 + C$.

Aus der Dgl.

$(II_2)_1$ $\qquad\qquad y'^2 = Ay^3$

erhält man durch Trennung der Veränderlichen

$$dx = \pm \frac{y^{-\frac{3}{2}}dy}{\sqrt{A}}, \qquad x = \mp \frac{2}{\sqrt{Ay}} + C, \qquad y = \frac{4}{A(x-C)^2},$$

also eine Schar von höheren Hyperbeln. Bei der Dgl.

$(II_2)_2$ $\qquad\qquad y = f(y')$

führt man wieder $y' = \frac{dy}{dx} = p$ als neue Veränderliche ein

3*

III. Gewöhnliche Differentialgleichungen höheren Grades

und erhält
$$dx = \frac{dy}{p},$$

$$x = \int \frac{dy}{p} = \frac{y}{p} - \int y\, d\left(\frac{1}{p}\right) = \frac{y}{p} + \int \frac{y\, dp}{p^2} = \frac{f(p)}{p} + \int \frac{f(p)\, dp}{p^2}.$$

So liefert die Dgl. $(II_2)_3$ die Lösung

$(II_2)_3{}'$ $\qquad x = 2Ap + \frac{3B}{2}p^2 + C, \quad y = Ap^2 + Bp^3.$

13. D'ALEMBERTsche und CLAIRAUTsche Differentialgleichung. Die Dgln. der Nr. 12 sind in der allgemeinen Form

$(II_3)_1$ $\qquad \varphi(y')\, x + \psi(y')\, y = \chi(y')$ [1])

enthalten, mit der sich zuerst D'ALEMBERT (1707—83) beschäftigt hat. Auch hier führt die Substitution $y' = p$ zum Ziel. Durch Ableiten nach x folgt aus $(II_3)_1$, wenn man die Ableitung nach p durch Striche bezeichnet:

(A) $\qquad \left[\varphi'(p)\, x + \psi'(p)\, y - \chi'(p)\right]\frac{dp}{dx} + \varphi(p) + p\,\psi(p) = 0.$

In dieser Gleichung kann die eckige Klammer nicht identisch verschwinden, da sonst $\varphi'(p) = 0$, $\psi'(p) = 0$, $\chi'(p) = 0$ sein müßten, die Gleichung $(II_3)_1$ also y' gar nicht enthielte. Dagegen kann

(B_1) $\qquad \varphi(p) + p\,\psi(p) \equiv 0, \quad$ d. h. $\varphi(p) \equiv -p\,\psi(p)$

sein. Dabei ist dann weder $\varphi(p)$ noch $\psi(p)$ gleich Null, da sonst $(II_3)_1$ trivial würde. Mit (B_1) wird $(II_3)_1$ zu

$$\psi(p)\,(y - px) = \chi(p).$$

Hier kann man ohne Schaden für die Allgmeinheit $\psi(p) = 1$ setzen. Die Dgl. lautet dann einfach

$(II_3)_2$ $\qquad y = x y' + \chi(y').$

Aus (A) folgt für sie

(A_1) $\qquad \left[x + \chi'(p)\right]\frac{dp}{dx} = 0.$

Es ist also entweder

(1) $\qquad \frac{dp}{dx} = 0, \quad p = \text{const.} = C.$

---

[1]) Absichtlich ist diese und nichtetwa die Form $y = f(y')x + g(y')$ gewählt, da sie $\varphi(y')$, $\psi(y')$ und $\chi(y')$ als ganze Funktionen zu betrachten erlaubt.

D'ALEMBERTsche und CLAIRAUTsche Differentialgleichung 37

Das allgemeine Integral von $(II_3)_2$ ist also einfach

$(II_3)_2'$ $\qquad y = Cx + \chi(C).$

Andrerseits folgt aus (A_1) noch

(2) $\qquad x = -\chi'(p)$

und damit aus

$(II_3)_2$ $\qquad y = -p\chi'(p) + \chi(p).$

Die Kurve $x = -\chi'(p)$, $y = -p\chi'(p) + \chi(p)$ ist also ebenfalls ein Integral unserer Dgl. Seine Natur werden wir in der nächsten Nr. zu untersuchen haben.

Die Dgl. $(II_3)_2$ trägt den Namen CLAIRAUT's (1713—65). Sie hat die merkwürdige Eigenschaft, daß sich ihr allgemeines Integral einfach durch die Substitution $y' = C$ ergibt. Schreibt man sie in der Form $y - xy' = \chi(y')$ und bedenkt man, daß die Gleichung der Tangente im Punkt $x|y$ einer Kurve $Y - y = y'(X - x)$ oder $Y = y'X + y - xy'$ lautet, so erkennt man, daß eine CLAIRAUTsche Dgl. eine Abhängigkeit zwischen den beiden Bestimmungsstücken y' und $y - xy'$ einer Tangente, also eine reine Tangenteneigenschaft darstellt.

Wir kehren jetzt zur Gleichung (A) zurück und setzen $\varphi(p) + p\psi(p) \not\equiv 0$ voraus. Die Gleichung (A) ist eine solche zwischen x und p allein, wenn $\psi'(p) = 0$, d. h. $\psi(p) = \text{const.} = c$ ist. Wir setzen $c \neq 0$ voraus. Dann wird (A) zu

(A_2) $\qquad \left[\varphi'(p)x - \chi'(p)\right]\dfrac{dp}{dx} + \varphi(p) + cp = 0$

oder $\qquad \left[\varphi(p) + cp\right]\dfrac{dx}{dp} + \varphi'(p)x - \chi'(p) = 0.$

Ist auch noch $\varphi'(p) = 0$, d. h. $\varphi(p) = \text{const.} = c'$, so wird mit

(B_3) $\varphi(p) + p\psi(p) \not\equiv 0$, $\psi(p) = c \neq 0$, $\varphi(p) = c'$

(A_2) zu

(A_3) $\qquad (c' + cp)\dfrac{dx}{dp} - \chi'(p) = 0$

und daraus kommt

(C_3) $\qquad x = \int \dfrac{\chi'(p)\,dp}{c' + cp} + C.$

III. Gewöhnliche Differentialgleichungen höheren Grades

Ist aber

(B$_2$) $\varphi(p) + p\psi(p) \not\equiv 0, \quad \psi(p) = c \not= 0, \quad \varphi'(p) \not= 0,$

so ist (A$_2$) als lineare Dgl. für x nach Nr. 9 zu lösen.

Ist ferner

(B$_4$) $\varphi(p) + p\psi(p) \not\equiv 0, \quad \psi(p) \equiv 0,$

so wird (A) zu

(A$_4$) $\left[\varphi'(p)x - \chi'(p)\right]\dfrac{dp}{dx} + \varphi(p) = 0.$

Diese Gleichung hat aber als Integral nichts andres als die ursprüngliche Dgl. $\varphi(p)x - \chi(p) = 0$. Unser Verfahren versagt in diesem Fall, die Dgl. ist von der in Nr. 12 behandelten Form $x = f(y')$.

In den seitherigen Fällen gelang die Integration allein auf Grund der Gleichung (A). Ist nun aber

(B$_5$) $\varphi(p) + p\psi(p) \not\equiv 0, \quad \psi(p) \not\equiv c,$

so müssen wir, um eine Gleichung zwischen x und p zu erhalten, y aus (II$_3$)$_1$ und (A) eliminieren. Wir erhalten also

(A') $\begin{cases} \psi(p)\left[\varphi(p) + p\psi(p)\right]\dfrac{dx}{dp} + \left[\varphi'(p)\psi(p) \right. \\ \left. - \varphi(p)\psi'(p)\right]x = \chi'(p)\psi(p) - \chi(p)\psi'(p). \end{cases}$

Nun hat man wieder zwei Fälle zu unterscheiden. Sei zunächst

$$\varphi'(p)\psi(p) - \varphi(p)\psi'(p) = 0,$$

$$\frac{\varphi'(p)}{\varphi(p)} = \frac{\psi'(p)}{\psi(p)},$$

$$\varphi(p) = \text{const.}, \psi(p), \text{ d. h.}$$

(B$_6$) $\varphi(p) + p\psi(p) \not\equiv 0, \quad \psi(p) \not\equiv \text{const}, \quad \dfrac{\varphi(p)}{\psi(p)} = -m.$

Die Dgl. lautet dann $\psi(p)(y - mx) = \chi(p)$. Hier kann man wieder $\psi(p)$ gleich 1 setzen und erhält als Dgl.

(II$_3$)$_3$ $y = mx + \chi(y').$

Aus (A') folgt für sie $(p - m)\dfrac{dx}{dp} = \chi'(p)$ also

(C$_6$) $x = \displaystyle\int \dfrac{\chi'(p)}{p - m} dp.$

D'ALEMBERTsche und CLAIRAUTsche Differentialgleichung 39

Von der Bedingung (B_6) wird der Fall $\varphi(p) \equiv 0$ nicht mit umfaßt. Die Dgl. lautet dann aber $\psi(p)y = \chi(p)$, ist also von der schon behandelten Form $y = f(y')$.

Ist endlich

(B_7) $\quad \varphi(p) + p\psi(p) \not\equiv 0, \quad \psi(p) \not\equiv \text{const.}, \quad \frac{\varphi(p)}{\psi(p)} \not\equiv \text{const.},$

dann ist (A') eine lineare Dgl. für x, also nach Nr. 9 zu integrieren.

Der Übergang von (A) zu (A') war deshalb so leicht, weil (II_3)$_1$ in y nur vom ersten Grade ist. Es ist zu vermuten, daß auch die allgemeinere Dgl.

(II_3)$_4$ $\qquad\qquad y = f(x, y')$

sich auf gleiche Weise auf eine Dgl. erster Ordnung und ersten Grades zurückführen läßt. In der Tat folgt aus $y = f(x,p)$ durch Ableiten nach x sofort $p = \frac{\partial f}{\partial x} + \frac{\partial f}{\partial p} \cdot \frac{dp}{dx}$.

Aber auch die Dgl. $x = f(y, y')$ läßt sich so behandeln. Man erhält durch Ableiten nach x aus ihr

$1 = \frac{\partial f}{\partial y} p + \frac{\partial f}{\partial p} \frac{dp}{dx}$ und daraus wegen $\frac{dp}{dx} = \frac{dp}{dy} \cdot \frac{dy}{dx} = p \frac{dp}{dy}$

die Dgl. erster Ordnung und ersten Grades zwischen p und y
$\frac{\partial f}{\partial y} + \frac{\partial f}{\partial p} \frac{dp}{dy} = \frac{1}{p}$.

Aufg.: Integriere folgende Dgl. und untersuche ihre Lösungskurven:

1. $xy'^2 - yy' + a = 0$.
2. $y = xy' + \sqrt{a^2 y'^2 \pm b^2}$.
3. $ay'^2 - 2may' + mx - y = 0$.
4. $ay'^2 - \lambda xy' + (\lambda + 1)y = 0$. (Besondrer Fall: $\lambda = 2$.)
5. $\lambda xy'^2 - (\lambda + 1)yy' + my = 0$.
6. $(2\lambda - 1)xy'^2 - 2\lambda yy' \pm m^2 x = 0$. } (Besondrer Fall: $\lambda = 1$.)
7. $y^2 y'^3 + 2axy' - ay = 0$.
8. $x^3 y'^2 + x^2 yy' + a^3 = 0$.
9. $y'^3 - 4xyy' + 8y^2 = 0$.

III. Gewöhnliche Differentialgleichungen höheren Grades

14. Singuläre Lösungen. Die Diskriminantenkurve. Wir stellten in der vorigen Nr. fest, daß die CLAIRAUTsche Dgl. $(II_3)_2$ $y = xy' + \chi(y')$ außer dem allgemeinen Integral $(II_3)_2'$ $y = Cx + \chi(C)$ noch das besondere Integral $x = -\chi'(p)$, $y = -p\chi'(p) + \chi(p)$ besitzt, das offenbar kein partikuläres Integral darstellt, weil es nicht durch eine besondere Wahl der Konstanten C aus dem allgemeinen Integral zu erhalten ist. Ein solches Integral einer Dgl. nennt man ein *singuläres Integral*. Was ist nun dessen geometrische Bedeutung in unserem Fall?

Bewegt sich die Gerade $y = Cx + \chi(C)$ aus der Lage C, welcher der Parameterwert C entspricht, in die Lage $C + \Delta C$ mit der Gleichung $y = (C + \Delta C)x + \chi(C + \Delta C)$, so erhält man als Schnittpunktsabszisse der beiden Geraden

$$x = -\frac{\chi(C + \Delta C) - \chi(C)}{\Delta C}.$$

Bei der Bewegung wird nun aber die Gerade eine Kurve umhüllen, d. h. ständig Tangente einer bestimmten Kurve sein. Die Abszisse des Berührungspunkts mit dieser Kurve ergibt sich durch den Grenzübergang $\lim \Delta C \to 0$ aus der Schnittpunktsabszisse. Man erhält so

$$x = -\lim_{\Delta C \to 0} \frac{\chi(C + \Delta C) - \chi(C)}{\Delta C} = -\chi'(C).$$

Schreibt man p statt C, so erkennt man, daß das singuläre Integral eben diese *Umhüllungskurve* der durch das allgemeine Integral dargestellten Kurvenschar liefert. In unserem Fall trivial, aber trotzdem von grundsätzlicher Wichtigkeit ist, daß man das singuläre Integral auch aus der Dgl. $(II_3)_2$ selbst, d. h. des allgemeinen Integrals gewinnen kann, indem man sie partiell nach y' ableitet.

Das überträgt sich mit den nötigen Vorsichtsmaßregeln auf den allgemeinen Fall. Ist

$(II_4)_1$ $\qquad\qquad f(x, y, y') = 0$

die gegebene Dgl. 1. Ordnung und $n$ten Grades, so bilde man

(a) $\qquad\qquad \dfrac{\partial f(x, y, y')}{\partial y'} = 0$

und suche aus $(II_4)_1$ und (a) die Größe y' zu eliminieren.

Singuläre Lösungen. Die Diskriminantenkurve

Gelingt dies, so bekommt man als Eliminationsergebnis eine im allgemeinen zerfallende Kurve $\delta(x,y) \equiv \varphi(x,y) \cdot \psi(x,y) = 0$, die sog. *Diskriminantenkurve*. Ein Teil von ihr, etwa $\varphi(x,y) = 0$, genügt vielleicht der Dgl. $(II_4)_1$, d. h. die aus $\frac{\partial \varphi}{\partial x} + \frac{\partial \varphi}{\partial y} y' = 0$ berechnete Ableitung y' befriedigt die Gleichung $(II_4)_1$ identisch. Dann stellt dieser Teil die Umhüllungskurve der zu $(II_4)_1$ gehörenden Kurvenschar dar. Der andere Teil aber ist der Ort von singulären Punkten dieser Kurvenschar, wie Spitzen, Doppelpunkten u. a. oder auch der Ort von Berührungspunkten zwischen den Integralkurven u. a.

Ist andrerseits $F(x, y, C) = 0$ die Schar der Integralkurven von $(II_4)_1$, so eliminiere man den Parameter C aus dieser Gleichung und $\frac{\partial F(x, y, C)}{\partial C} = 0$. Gelingt dies, so erhält man eine im allgemeinen zerfallende Kurve

$$\Delta(x, y) = \Phi(x,y) \cdot \Psi(x,y) = 0.$$

Der Faktor $\Phi(x,y)$ ist dann identisch mit einer Potenz des Faktors $\varphi(x,y)$ und stellt gleich Null gesetzt wiederum die Hüllkurve dar, der andere, doch im allgemeinen in anderer Zusammensetzung, wieder den Ort der Singularitäten.

Wir wollen das an einem Beispiele erläutern.
Die Gleichung $(x - C)^3 + C(y - C)^2 = 0$ stellt eine Schar in der x-Richtung geöffneter NEILscher Parabeln $\bar{y}^2 = -\frac{\bar{x}^3}{C}$ mit veränderlichem Parameter C dar, deren Rückkehrpunkte sich auf der Geraden $y = x$ befinden und die sich im Ursprung längs der Geraden $y = \frac{3}{2} x$ berühren. Nach Potenzen von C geordnet lautet die Schargleichung

(1) $\quad F(x, y, C) = (3x - 2y) C^2 + (y^2 - 3x^2) C + x^3 = 0.$

Um die Hüllkurve zu bestimmen hat man

(2) $\quad \frac{\partial F}{\partial C} \equiv 2(3x - 2y) C + y^2 - 3x^2 = 0$

zu setzen und erhält durch Elimination von C sofort

(3) $\quad \begin{cases} \Delta(x, y) \equiv -(y^2 - 3x^2)^2 + 4x^3(3x - 2y)^2 \\ = (x - y)^3 (y + 3x). \end{cases}$

42 III. Gewöhnliche Differentialgleichungen höheren Grades

Von den beiden Faktoren von $\Delta(x, y)$ stellt der erste gleich Null gesetzt, wie wir schon wissen, den Ort der Spitzen der Kurvenschar vor. Für ihn wird

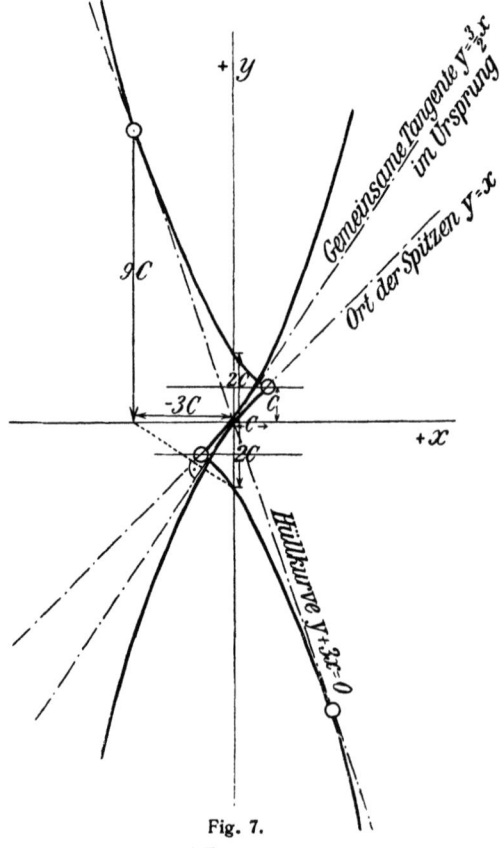

Fig. 7.

$$F = x(x-C)^2, \quad \frac{\partial F}{\partial C} = 2x(x-C), \quad C = x = y,$$

$$\frac{\partial F}{\partial x} = 3C^2 - 6(x + 3x^2) = 3(C-x)^2 = 0,$$

$$\frac{\partial F}{\partial y} = -2C^2 + 2yC = -2C(C-y) = 0.$$

Der zweite Faktor $y + 3x$ von $\Delta(x, y)$ stellt gleich Null gesetzt die Hüllkurve dar. Für ihn wird

Singuläre Lösungen. Die Diskriminantenkurve

$$F = x(x+3C)^2, \quad \frac{\partial F}{\partial C} = 6x(x+3C),$$

die Koordinaten des Berührungspunktes sind also $x = -3C$, $y = 9C$, während

$$\frac{\partial F}{\partial x} = 3(C-x)^2 = 48C^2 \neq 0, \quad \frac{\partial F}{\partial y} = -2C(C-y) = 16C^2 \neq 0$$

ist mit Ausnahme des Wertes $C = 0$, für den die NEILsche Parabel der Schar zerfällt.

Zur Bestimmung der Dgl. der Schar hat man $F = 0$ nach x abzuleiten und erhält

(4) $\qquad (3 - 2y')C^2 + (2yy' - 6x)C + 3x^2 = 0.$

Eliminiert man jetzt den Parameter C aus (1) und (4), so erhält man nach einer etwas beschwerlichen Rechnung das überraschend einfache Ergebnis

(5) $\qquad f(x, y, y') \equiv 4xy'^2 + 6(x-y)y' + 9(x-y) = 0.$

Zur Bestimmung der Diskriminantenkurve bildet man

(6) $\qquad \tfrac{1}{2}\frac{\partial f}{\partial y'} \equiv 4xy' + 3(x-y) = 0$

und erhält durch Elimination von y' aus (5) und (6)

$$\delta(x, y) \equiv -9(x-y)^2 + 36x(x-y) = 9(x-y)(y+3x).$$

Der erste Faktor ist kein singuläres Integral. Denn er liefert $y = x$, $y' = 1$ und mit diesen Werten kommt $f = 4x$, also $\neq 0$ außer für $x = 0$. Der zweite Faktor dagegen liefert das **singuläre Integral**. Denn für ihn ist $y = -3x$, $y' = -3$ und es wird $f = 36x - 72x + 36x = 0$.

Folgende Bemerkung mag noch nützlich sein. Aus

(II$_4$)$_1$ $\qquad f(x, y, y') = 0$

folgt, da diese Gleichung für irgendeine Lösungsfunktion y identisch erfüllt sein muß, durch Ableiten nach x

(b) $\qquad \frac{\partial f}{\partial x} + \frac{\partial f}{\partial y}y' + \frac{\partial f}{\partial y'}y'' = 0.$

Um die Diskriminantenkurve zu bestimmen, hat man

(a) $\qquad \frac{\partial f}{\partial y'} = 0$

zu setzen. Das gibt

(c) $\qquad \frac{\partial f}{\partial x} + \frac{\partial f}{\partial y}y' = 0.$

III. Gewöhnliche Differentialgleichungen höheren Grades

Ist umgekehrt λ ein Parameter, für den

(d) $$f(x, y, \lambda) = 0,$$

(e) $$\frac{\partial f(x, y, \lambda)}{\partial \lambda} = 0,$$

(f) $$\frac{\partial f}{\partial x} + \frac{\partial f}{\partial y} \lambda = 0,$$

so folgt für den Richtungsfaktor der Tangente aus (d)

$$\frac{\partial f}{\partial x} + \frac{\partial f}{\partial y} y' = 0.$$

Mit (f) ergibt sich also $\frac{\partial f}{\partial y}(y' - \lambda) = 0$. Ist also $\frac{\partial f}{\partial y} \neq 0$, so ist $\lambda = y'$. Für die Bestimmung des singulären Integrals gelten also die notwendigen und hinreichenden Bedingungen

$$f = 0, \quad \frac{\partial f}{\partial y'} = 0, \quad \frac{\partial f}{\partial x} + \frac{\partial f}{\partial y} y' = 0, \quad \frac{\partial f}{\partial y} \neq 0.$$

Sind z. B. die singulären Lösungen der Dgl. $(II_3)_1$

(1) $$f \equiv \varphi(y') x + \psi(y') y - \chi(y') = 0$$

zu bestimmen, so hat man nach (d)

(2) $$\frac{\partial f}{\partial x} + \frac{\partial f}{\partial y} y' \equiv \varphi(y') + y' \psi(y') = 0.$$

Ist dieser Ausdruck nicht identisch null (s. Nr. 13), so liefert er eine Anzahl von Werten von y', die in (1) eingesetzt eine Anzahl von Geraden ergeben, von denen diejenigen singuläre Lösungen vorstellen, für welche $\frac{\partial f}{\partial y'} = 0$, $\frac{\partial f}{\partial y} \neq 0$ ist.

Aufg.: 1. Integriere die Dgl. $4 x y'^2 + 6(x - y) y' - 9(x - y) = 0$.

2. Bestimme die Diskriminantenkurven und singulären Integrale der Aufgaben in der vorigen Nr. 13.

3. Bestimme die Funktion $\Delta(x, y)$ für die Kurvenschar $F(x, y) C^2 + 2 G(x, y) C + H(x, y) = 0$, beweise, daß ihre Dgl. von der Form

$(II_4)_2$ $$f(x, y) y'^2 + 2 g(x, y) y' + h(x, y) = 0$$

ist und zeige, daß

$$\delta(x, y) = \Delta(x, y) \left\{ F\left(\frac{\partial G}{\partial x}\frac{\partial H}{\partial y} - \frac{\partial G}{\partial y}\frac{\partial H}{\partial x}\right) + G\left(\frac{\partial H}{\partial x}\frac{\partial F}{\partial y} - \frac{\partial H}{\partial y}\frac{\partial F}{\partial x}\right) \right.$$
$$\left. + H\left(\frac{\partial F}{\partial x}\frac{\partial G}{\partial y} - \frac{\partial F}{\partial y}\frac{\partial G}{\partial x}\right) \right\}^2 \text{ ist.}$$

4. Untersuche die folgenden Kurvenscharen, bestimme ihre Dgln. und ihre Diskriminantenkurven:
a) $(x-C)^2 + (y-C)^2 = C^2$.
b) Kreise, welche die y-Achse berühren und deren Mittelpunkte auf der Parabel $y^2 = 4ax$ liegen.
c) Parabeln mit der x-Achse als Achse, die mit der y-Achse ein Stück konstanten Flächeninhaltes begrenzen.
d) $C^2(y+C) = (x+C)^3$.
e) $x^4 - 2Cx^3 + C^2 y^2 = 0$.

IV. GEWÖHNLICHE DIFFERENTIALGLEICHUNGEN ZWEITER ORDNUNG

15. *Geometrisches Bild. Die Existenz der Integrale.* Aus der unübersehbaren Fülle der Dgln. zweiter Ordnung wollen wir nur diejenigen herausgreifen, die nach y'' auflösbar und aufgelöst sind. Sie haben die Form

(III$_1$) $\qquad y'' = f(x, y, y')$.

Hier ist nun nicht nur die Stelle $x|y$, sondern auch noch die Richtung y' in ihr willkürlich wählbar. Erst nach Wahl des Linienelements $x|y|y'$ ist der zugehörige Wert von y'' bestimmt, aber auch der Wert $\varrho = \dfrac{(1+y'^2)^{3/2}}{y''}$ des Krümmungshalbmessers. Eine Dgl. zweiter Ordnung ordnet also jedem Linienelement eine bestimmte **Krümmung** zu.

Daraus ergibt sich folgendes geometrisches Verfahren der Integration. Man gehe von einem beliebigen Punkt $x_0|y_0$ in der Richtung y_0' auf dem zugehörigen Krümmungskreis K_0 ein Stück weiter, bestimme für den Endpunkt $x_1|y_1$ und die Endrichtung y_1' den neuen Krümmungskreis K_1 und fahre so fort.

Man sieht, die Lösung hängt jetzt von zwei Bedingungen, von $x_0|y_0$ und y_0' ab. Das bestätigt sich, wenn man das geometrische Näherungsverfahren durch einen analytischen Existenzbeweis ersetzt. Dieser wird dadurch am einfachsten erbracht, daß man das Problem scheinbar schwerer macht. Man führt nämlich die erste Ableitung y' als neue Veränderliche z ein und ersetzt so die Dgl. (III$_1$) durch das **System** von Dgln. erster Ordnung $y' = z$, $z' = f(x, y, z)$. Daß ein solches System bei Angabe der Anfangswerte $x_0, y_0, z_0 = y_0'$ unter gewissen Bedingungen eine und nur eine Lösung be-

IV. Gewöhnliche Differentialgleichungen zweiter Ordnung

sitzt, werden wir in Nr. 19 sehen. Der Beweis dafür ist eine unmittelbare Verallgemeinerung des Beweises für eine einzige Dgl. erster Ordnung. Er soll hier als erbracht gelten, um so mehr, als wir die Existenz der Lösungen zunächst durch ihre wirkliche Aufstellung oder durch Zurückführung der Dgl. auf Quadraturen dartun werden.

16. *Die Differentialgleichungen* $y'' = f(x)$, $y'' = f(y)$ *und* $y'' = f(y')$. Der einfachste Fall einer Dgl. zweiter Ordnung ist

$(III_2)_1$ $\qquad\qquad y'' = f(x).$

Hier ergibt sich die Lösung durch zweimalige Quadratur

$(III_2)_1'$ $\qquad\qquad y = \int\int f(x)\,dx\,dx + C_1 x + C_2.$

Sie enthält, wie vorauszusehen war, zwei willkürliche Konstanten.

Die Dgl. $(III_2)_1$ kann mechanisch gedeutet werden: Ist y der **Weg** in einer Geraden, x die **Zeit**, so besagt sie, daß die auf einen Massenpunkt wirkende Kraft nur von der Zeit abhängt. Das einfachste Beispiel ist das der **Fallbewegung**. Hier ist

$(III_2)_2$ $\qquad\qquad y'' = -g,$

wo g die in der $-y$-Richtung liegende **Fallbeschleunigung** ist. Das **Zwischenintegral**, die **Geschwindigkeit**, ist $y' = -gx + C_1$, das allgemeine Integral

$(III_2)_2'$ $\qquad\qquad y = -\frac{g}{2} x^2 + C_1 x + C_2.$

Wird z. B. ein Stein vom Punkt 0 zur Zeit 0 mit der Geschwindigkeit v_0 in die Höhe geworfen, so ist

$C_1 = v_0$, $C_2 = 0$, $y' = -gx + v_0$, $y = -\frac{g}{2} x^2 + v_0 x.$

Die **Steigzeit** ist $x = \frac{v_0}{g}$, die **Steighöhe** $y = \frac{v_0^2}{2g}.$

Bei der Dgl.

$(III_2)_3$ $\qquad\qquad y'' = f(y)$

führt folgender Kunstgriff zum Ziel. Man erweitert mit $2y'$ und erhält $2y'y'' = \frac{d(y'^2)}{dx} = 2f(y) \frac{dy}{dx}$ und hat das Zwischenintegral

Die Differentialgleichungen $y''=f(x)$, $y''=f(y)$ u. $y''=f(y')$

(a) $$y'^2 = 2\int f(y)\,dy + C_1,$$

aus dem sich

$(III_2)_3{}'$ $$x = \int \frac{dy}{\sqrt{2\int f(y)\,dy + C_1}} + C_2$$

ergibt. Mechanisch bedeutet $(III_2)_3$, daß die Kraft nur vom Ort abhängt. Die Gleichung (a) ist das **Energieintegral**.

Auf das Beispiel

$(III_2)_4$ $$y'' = -k^2 y$$

(elastische, in die Gleichgewichtslage zurückziehende Kraft) angewandt liefert $(III_2)_3{}'$ mit

$$C_1 = k^2 C^2,\ C_2 = -c,$$

$$x = \int \frac{dy}{k\sqrt{C^2 - y^2}} - c = \frac{1}{k}\arcsin\frac{y}{C} - c,\quad \text{d. h.}$$

$(III_2)_4{}'$ $$y = C \sin(kx + c).$$

Dafür kann man auch schreiben

$$y = C\sin c \cos kx + C\cos c \sin kx$$

oder, wenn man zwei neue Integrationskonstanten einführt:

$(III_2)_4{}'$ $$y = D_1 \cos kx + D_2 \sin kx.$$

Das Beispiel

$(III_2)_5$ $$y'' = +k^2 y$$

dagegen ergibt

$$x = \int \frac{dy}{k\sqrt{C^2 + y^2}} + C_2 = \frac{1}{k}\ln\frac{y + \sqrt{C^2 + y^2}}{C} + C_2,$$

d. h. $$y + \sqrt{C^2 + y^2} = C \exp(kx - C_2),$$

$(III_2)_5{}'$ $$y = \frac{C}{2}[\exp(kx - C_2) - \exp-(kx - C_2)]$$
$$= D_1 e^{kx} + D_2 e^{-kx}.$$

Für die Dgl.

$(III_2)_6$ $$y'' = -\frac{f^2}{y^2}$$

(NEWTONsche Anziehung) folgt, wenn wir der Einfachheit wegen annehmen, daß der Punkt im Unendlichen ($y \to \infty$) die Geschwindigkeit 0 besitze, $C_1 = 0$, $y^3 = \frac{gf^2}{2}(x - C_2)^2$.

Für die Dgl.

(III$_2$)$_7$ $$y'' = f(y')$$

ergibt sich $x = \int \frac{dy'}{f(y')}$ und nach Nr. 12

$$y = y' \int \frac{d(y')}{f(y')} - \int\int \frac{d(y')^2}{f(y')}.$$

Mechanisch bedeutet sie, daß die Kraft eine von der Geschwindigkeit abhängige Reibungskraft ist. Für das Beispiel

(III$_2$)$_8$ $$y'' = -g - \lambda^2 y'^2$$

(Luftwiderstand beim Fall) erhält man, wenn zur Zeit 0 auch y und y' verschwinden,

$$C_1 = 0, \quad x = -\frac{1}{g} \operatorname{arctg} \frac{\lambda y'}{\sqrt{g}}, \quad y' = -\frac{\sqrt{g}}{\lambda} \operatorname{tg} g x$$

(III$_2$)$_8'$ $$y = \frac{1}{\lambda \sqrt{g}} \ln \cos g x.$$

Aufg.: Integriere

1. $y'' = A \cos k x + B \sin k x.$ 2. $y'' = -\frac{f^2}{y^2}$, wenn $C_1 \neq 0$

3. $y'' = -\frac{f^2}{y^3}.$ 4. $y'' = -g - \lambda^2 y'^3.$

17. Lineare Differentialgleichungen. Die Dgln. (III$_2$) gehörten teilweise schon der Klasse der wichtigsten und am besten untersuchten Dgln. zweiter Ordnung an, den linearen. So nennt man eine in y, y' und y'' lineare Gleichung von der allgemeinen Form

(III$_3$)$_1$ $$y'' + \varphi(x) y' + \psi(x) y = f(x).$$

Wie bei den Dgln. erster Ordnung betrachten wir zunächst wieder die homogene Dgl., bei der das „Störungsglied" $f(x)$ rechts fehlt:

(III$_3$)$_2$ $$y'' + \varphi(x) y' + \psi(x) y = 0.$$

Sie hat mit der linearen Dgl. erster Ordnung die Eigenschaft gemein, daß mit y auch Cy eine Lösung ist, wo C eine willkürliche Konstante ist. Aber noch mehr: Sind y_1 und y_2 zwei Lösungen, so ist auch $C_1 y_1 + C_2 y_2$ eine solche. Denn aus

(1) $$y_1'' + \varphi(x) y_1' + \psi(x) y_1 = 0 \qquad \text{und}$$

Lineare Differentialgleichungen

(2) $$y_2'' + \varphi(x) y_2' + \psi(x) y_2 = 0$$

ergibt sich sofort

$$(C_1 y_1 + C_2 y_2)'' + \varphi(x)(C_1 y_1 + C_2 y_2)' + \psi(x) = 0.$$

Kennte man nun von einer gegebenen Dgl. zwei **partikuläre Lösungen** y_1 und y_2, so hätte man damit schon das **allgemeine Integral** gewonnen. Denn einerseits enthält dies zwei willkürliche Konstanten, andrerseits ist $C_1 y_1 + C_2 y_2$ eine Lösung. Allerdings setzen wir dabei voraus, daß $C_1 y_1 + C_2 y_2$ eine von y_1 und y_2 selbst wesentlich verschiedene Lösung darstellt, d. h. daß zwischen y_1 und y_2 keine **lineare Abhängigkeit** von der Form

(3) $$D_1 y_1 + D_2 y_2 = 0$$

besteht. Wäre das der Fall, so wäre etwa

$$y_2 = -\frac{D_1}{D_2} y_1, \; C_1 y_1 + C_2 y_2 = \frac{C_1 D_2 - C_2 D_1}{D_2} y_1 = \text{const.} \, y_1,$$

also von y_1 nicht wesentlich verschieden. Wir haben daher den Satz: Sind y_1 und y_2 zwei *linear unabhängige* partikuläre Integrale von $(III_3)_2$, so ist $C_1 y_1 + C_2 y_2$ das allgemeine Integral. Zwei solche Integrale bilden ein sog. *Fundamentalsystem*.

Es gilt weiter der Satz: y_1 und y_2 bilden dann und nur dann ein Fundamentalsystem, wenn der Ausdruck $y_2 y_1' - y_1 y_2'$ von Null verschieden ist. Denn aus (3) folgt

(4) $$D_1 y_1' + D_2 y_2' = 0$$

und damit, weil weder D_1 noch D_2 verschwinden,

(5) $$y_2 y_1' - y_1 y_2' = 0.$$

Umgekehrt: Gilt (5), so ist

$$\frac{y_1'}{y_1} = \frac{y_2'}{y_2}, \; \ln y_1 = \ln y_2 + \text{const.}, \; y_2 = \text{const.} \, y_1.$$

Erweitert man ferner (1) mit y_2, (2) mit y_1 und subtrahiert, so folgt

$$y_1 y_2'' - y_2 y_1'' + \varphi(x)(y_1 y_2' - y_2 y_1') = 0$$

oder $\quad \dfrac{d}{dx}(y_1 y_2' - y_2 y_1') + \varphi(x)(y_1 y_2' - y_2 y_1') = 0$

IV. Gewöhnliche Differentialgleichungen zweiter Ordnung

und daraus nach $(I_4)_2'$ von Nr. 9

(6) $\qquad y_1 y_2' - y_2 y_1' = C \exp\left(-\int \varphi(x)\,dx\right).$

Aus dieser Gleichung (6) folgt: Kennt man **eine** partikuläre Lösung y_1 der Dgl. $(III_3)_2$, so genügt jede andere von ihr linear unabhängige Lösung einer linearen Dgl. erster Ordnung

(A) $\qquad y_1 y' - y_1' y = C \exp\left(-\int \varphi(x)\,dx\right)$

mit nicht verschwindendem C, kann also nach Nr. 9 durch **Quadraturen** gefunden werden.

Wir wollen das Bisherige auf die lineare Dgl.

$(III_3)_3 \qquad y'' + 2Ay' + By = 0$

mit **konstanten Koeffizienten** anwenden.

Die Lösung $y = D_1 e^{kx} + D_2 e^{kx}$ der Dgl.

$(III_2)_5 \qquad y'' - k^2 y = 0$

der vorigen Nr. zeigt, das e^{kx} ein partikuläres Integral dieser Dgl. ist. Versuchen wir, ob auch $(III_3)_3$ ein partikuläres Integral $y = e^{kx}$ dieser Form besitzt. Da $y' = k e^{kx}$, $y'' = k^2 e^{kx}$, so muß $(k^2 + 2Ak + B)e^{kx} = 0$, d. h. k Wurzel der sog. *charakteristischen Gleichung*

(B) $\qquad k^2 + 2Ak + B = 0$

sein. Die Wurzeln

$$k_1 = -A + \sqrt{A^2 - B}, \quad k_2 = -A - \sqrt{A^2 - B}$$

dieser Gleichung sind { reell und verschieden, reell und gleich, komplex konjugiert, }, je nachdem $\Delta = A^2 - B \gtreqless 0$ ist.

Im ersten und dritten Fall sind $y_1 = e^{k_1 x}$ und $y_2 = e^{k_2 x}$ zwei linear unabhängige Integrale. Denn der Ausdruck

$$y_2 y_1' - y_1 y_2' = (k_1 - k_2) e^{(k_1 + k_2)x}$$

ist wegen $k_1 \neq k_2$ von Null verschieden. Das allgemeine Integral lautet also

(C) $\qquad y = C_1 e^{k_1 x} + C_2 e^{k_2 x}.$

Im dritten Fall erscheint dieses Integral allerdings in **imaginärer** Form. Es ist ja

Lineare Differentialgleichungen

$$k_1 = -A + i\sqrt{-\varDelta}, \quad k_2 = -A - i\sqrt{-\varDelta},$$

also
$$y = C_1 e^{-Ax} e^{i\sqrt{-\varDelta}x} + C_2 e^{-Ax} e^{-i\sqrt{-\varDelta}x}$$
$$= C_1 e^{-Ax}[\cos(\sqrt{-\varDelta}x) + i\sin(\sqrt{-\varDelta}x)]$$
$$+ C_2 e^{-Ax}[\cos(\sqrt{-\varDelta}x) - i\sin(\sqrt{-\varDelta}x)].$$

Jetzt darf man nur statt $C_1 + C_2$ und $i(C_1 - C_2)$ zwei neue Konstanten D_1 und D_2 einführen, um y in der **reellen Form**

(D) $\quad y = D_1 e^{-Ax}\cos(\sqrt{-\varDelta}x) + D_2 e^{-Ax}\sin(\sqrt{-\varDelta}x)$

zu haben.

Eine besondere Behandlung erfordert der zweite Fall, für den
$$\varDelta = 0, \quad B = A^2, \quad k = -A$$

ist. Dann kennt man zunächst nur ein partikuläres Integral $y_1 = e^{-Ax}$. Nun gilt aber für jedes andere solche die Gleichung (A). In unserem Fall wird sie zu

$$y' + Ay = C_2 e^{-Ax}, \quad C_2 \neq 0.$$

Nach $(I_4)_1'$ folgt aus ihr

$$y = \left\{\int C_2\,dx + C_1\right\} e^{-Ax} = (C_1 + C_2 x)e^{-Ax}.$$

Dies ist schon das allgemeine Integral von $(III_3)_3$ im Falle $\varDelta = 0$. Die Dgl. hat also dann das partikuläre Integral $y_2 = xe^{-Ax}$.

Kennt man so das allgemeine Integral der **homogenen** Dgl. $(III_3)_3$, so kann man vermittels zweier Quadraturen sofort das allgemeine Integral der **nichthomogenen** oder **unverkürzten** Gleichung $(III_3)_4$ finden.

Wir wollen diese Aufgabe sogleich für die Gleichung $(III_3)_1$ lösen. Sei $y = C_1 y_1 + C_2 y_2$ das **allgemeine Integral der verkürzten Gleichung** $(III_3)_2$. Nach der **Methode der Variation der Konstanten** von LAGRANGE (1736—1813) betrachten wir C_1 und C_2 als Funktionen von x. Wir erhalten

$$y' = C_1 y_1' + C_2 y_2' + C_1' y_1 + C_2' y_2$$

und unterwerfen C_1 und C_2 der Bedingungsgleichung

(7) $\qquad\qquad C_1' y_1 + C_2' y_2 = 0.$ $\qquad$ Dann ist

$$y' = C_1 y_1' + C_2 y_2', \quad y'' = C_1 y_1'' + C_2 y_2'' + C_1' y_1' + C_2' y_2'.$$

IV. Gewöhnliche Differentialgleichungen zweiter Ordnung

Daraus folgt aber
$$y'' + \varphi(x)y' + \psi(x)y = f(x) = C_1\{y_1'' + \varphi(x)y_1' + \psi(x)\}$$
$$+ C_2\{y_2'' + \varphi(x)y_2' + \psi(x)\} + C_1'y_1' + C_2'y_2', \quad \text{d. h.}$$
(8) $$C_1'y_1' + C_2'y_2' = f(x).$$

Aus (7) und (8) ergibt sich durch Auflösen nach C_1' und C_2' wegen $y_1 y_2' - y_2 y_1' \neq 0$

(E) $C_1 = -\int \dfrac{f(x) y_2\, dx}{y_1 y_2' - y_2 y_1'} + D_1,\ C_2 = \int \dfrac{f(x) y_1\, dx}{y_1 y_2' - y_2 y_1'} + D_2.$

Im Falle der Dgl. (III$_3$)$_4$ wird, wenn $\varDelta \neq 0$ ist

(F) $\begin{cases} C_1 = -\dfrac{1}{k_1 - k_2} \int f(x) e^{-k_1 x}\, dx + D_1, \\ C_2 = \dfrac{1}{k_1 - k_2} \int f(x) e^{-k_2 x}\, dx + D_2. \end{cases}$

Ist dagegen $\varDelta = 0$, so wird

(G) $\begin{cases} C_1 = -\int x f(x) e^{Ax}\, dx + D_1, \\ C_2 = \int f(x) e^{Ax}\, dx + D_2. \end{cases}$

Die Dgln. (III$_3$)$_3$ und (III$_3$)$_4$ sind von grundlegender Wichtigkeit für die Physik. Deutet man x als Zeit, y als Entfernung aus der Gleichgewichtslage, so stellt (III$_3$)$_3$ die Dgl. der **freien Schwingung** eines Massenpunkts vor.

Für $A = 0$, $B = k^2$, $\varDelta = -k^2$ hat man die **ungedämpfte freie Schwingung** mit dem Integral

(III$_2$)$_4$' $\qquad y = C \sin(kx + c).$

C ist die **Amplitude oder Schwingungsweite**, kx der **Phasenwinkel**, c die **Phasenkonstante**, $k = 2\nu\pi$ die **Winkelgeschwindigkeit**, ν die **Frequenz oder Umdrehungszahl**, $\dfrac{1}{\nu} = \dfrac{2\pi}{k} = T$ die **Periode oder Schwingungsdauer**.

Ist $A \neq 0$, $B = k^2$, $\varDelta = A^2 - k^2$, so unterscheidet man die möglichen Fälle so: Für $A < k$, $n = \sqrt{k^2 - A^2}$ lautet die allgemeine Lösung

(D) $\qquad y = D_1 e^{-Ax} \cos nx + D_2 e^{-Ax} \sin nx \quad$ oder

(D') $\qquad y = C e^{-Ax} \sin(nx + c),$

wenn man mittels $D_1 = C \sin c$, $D_2 = C \cos c$ zwei neue Konstanten einführt. Wir haben die **gedämpfte freie Schwingung**.

Lineare Differentialgleichungen

Diesmal ist die Winkelgeschwindigkeit $n = \sqrt{k^2 - A^2}$ kleiner als bei der ungedämpften Schwingung, die Schwingungsdauer $T = \dfrac{2\pi}{n}$ größer. e^{-Ax} heißt der **Dämpfungsfaktor**, der Quotient $\dfrac{\pi A}{n}$, der gleich dem Logarithmus des Quotienten zweier aufeinanderfolgender Ausschläge ist, heißt **logarithmisches Dekrement**.

Für $A \gtrless k$ ist die Dämpfung so groß, daß die Bewegung ihren Schwingungscharakter verliert: sie heist dann **aperiodisch**.

Liegt die Dgl. $(III_3)_4$ mit dem **Störungsglied** $f(x)$ vor, so hat man es mit einer **erzwungenen Schwingung** zu tun. Für $A = 0$, $B = k^2$, $k_1 = k\,i$, $k_2 = -k\,i$, $\varDelta = -k^2$, $f(x) = E \sin l x$ hat man die einfache ungedämpfte erzwungene Schwingung. Man erhält nach

(F) $\qquad C_1 = -\dfrac{E}{k_1 - k_2} \int e^{-k_1 x} \sin l x\, dx + D_1$

oder nach Anm. 1, S. 23, da die dortige Formel auch für imaginäres a gilt,

$$C_1 = \frac{E e^{-k_1 x}}{k_1 - k_2} \cdot \frac{l \cos l x + k_1 \sin l x}{l^2 + k_1^2} + D_1.$$

Also wird

$$y = C_1 e^{k_1 x} + C_2 e^{k_2 x} = D_1 e^{k_1 x} + D_2 e^{k_2 x} + \frac{E \sin l x}{l^2 - k^2}$$
$$= C \sin(kx + c) + \frac{E \sin l x}{l^2 - k^2}.$$

Zur **Eigenschwingung** $C \sin(kx + c)$ tritt also noch eine **erzwungene Schwingung** mit der Schwingungsweite $\dfrac{E}{l^2 - k^2}$ und derselben Periode wie die wirkende Kraft. Für den Fall der **Resonanz** $l = k$ versagt diese Lösung. Der Leser bestätige, daß jetzt

$$y = C \sin(kx + c) + \frac{E x \cos l x}{2k}$$

ist. Man hat also eine mit der Zeit rasch wachsende erzwungene Schwingung. Ist aber

$A \neq 0$, $B = k^2$, $A < k$, $n = \sqrt{k^2 - A^2}$, $k_1 = -A + ni$, $k_2 = -A - ni$, so wird

$$C_1 = \frac{E e^{-k_1 x}}{k_1 - k_2} \frac{l \cos l x + k_1 \sin l x}{l^2 + k_1^2} + D_1$$
$$= \frac{E e^{-k_1 x}}{2n} \frac{n \sin l x + i(A \sin l x - l \cos l x)}{l^2 + A^2 - n^2 - 2Ani} + D_1.$$

IV. Gewöhnliche Differentialgleichungen zweiter Ordnung

Daraus folgt
$$y = C_1 e^{k_1 x} + C_2 e^{k_2 x} = C e^{-Ax} \sin(nx + c)$$
$$+ E \frac{(l^2 - k^2) \sin lx + 2Al \cos lx}{(l^2 - k^2)^2 + 4A^2 l^2}.$$

Setzt man $l^2 - k^2 = C' \cos c'$, $2Al = C' \sin c'$, $C'^2 = (l^2 - k^2)^2$
$$+ 4A^2 l^2, \quad \operatorname{tg} c' = \frac{2Al}{l^2 - k^2}, \quad \text{so wird}$$

$$y = C e^{-Ax} \sin(nx + c) + \frac{E}{C'} \sin(lx + c').$$

Zur **gedämpften** und allmählich verschwindenden **Eigenschwingung** tritt also noch eine **ungedämpfte** und bleibende **erzwungene Schwingung** von der Periode der wirkenden Kraft, aber mit einer von der Dämpfung abhängigen **Phasenverschiebung** c' gegenüber dieser Kraft.

Im Falle der **Resonanz** $l = k$ wird $c' = 90°$, die **Amplitude** der erzwungenen Schwingung wird $\frac{E}{2Ax}$, also bei kleiner Dämpfung sehr groß.

Nachdem so die lineare Dgl. zweiter Ordnung mit konstanten Koeffizienten gelöst ist, erhebt sich die Frage nach der Integration der Dgl. $(III_3)_2$ bei nicht konstantem $\varphi(x)$ und $\psi(x)$. Man braucht ja sogar nur ein einziges partikuläres Integral y_1 dieser Dgl. zu kennen, um auf Grund von (A) und (E) nicht bloß $(III_3)_2$, sondern auch $(III_3)_1$ durch Quadraturen vollständig integrieren zu können. Es gibt jedoch kein allgemeines Verfahren zur Bestimmung von y_1. Hingegen gibt es noch zwei Verfahren zur Gewinnung des **allgemeinen Integrals**: das freilich reichlich unbestimmte der **Substitution neuer Veränderlicher** (siehe unten Aufg. 5) und das der **Reihenentwicklung**, das ähnlich wie in Nr. 6 zu handhaben wäre, zu seiner Durchführung aber **funktionentheoretische** Hilfsmittel erfordert, so daß wir darauf nicht eingehen können.

Aufg.: 1. Integriere die Dgl. $(III_3)_4$ für folgende Formen von $f(x)$:
a) L. b) $L + Mx$. c) $L + Mx + Nx^2$. d) $(L + Mx) \sin lx$.
e) Le^{lx}. f) $(L + Mx)e^{lx}$. g) $Le^{lx} \sin mx$.

2. Integriere $y'' + Ay' = 0$, $y'' + Ay' = E \sin lx$.

3. Integriere die allgemeine Wechselstromdgl.
$$L \frac{d^2 J}{dt^2} + W \frac{dJ}{dt} + \frac{1}{K} J = \frac{d(E_0 \sin \omega t)}{dt} = E_0 \omega \cos \omega t$$

Differentialgleichungen von der Form $y''=f(y,y')$

(J Strom, L Selbstinduktion, W Widerstand, K Kapazität, $E_0 \sin \omega t$ Wechselspannung, vgl. HORT, technische Schwingungslehre, 2. Aufl., Berlin 1922, § 15).

4. Integriere folgende Dgln., bei denen ein partikuläres Integral y_1 bekannt ist:

a) $x^2 y'' + xy' - y = 0$; $y_1 = x$.

b) $xy'' + 2y' - y = 0$; $y_1 = \dfrac{e^x}{x}$. c) $y'' - 4x^2 y = 0$; $y_1 = e^{x^2}$.

d) $x^4 y'' + 2x^3 y' + a^2 y = 0$; $y_1 = \cos \dfrac{a}{x}$.

5. Integriere: a) $xy'' + 2y' + m^2 xy = 0$; $\left(\text{Substitution } y = \dfrac{z}{x}\right)$.

b) $(x^2 - 1) y'' + xy' - k^2 y = 0$;

$\left(\text{Substitution } x = \sin \dfrac{u}{k}, \ y' = \dfrac{dy}{du} : \dfrac{dx}{du}, \ y'' = \dfrac{\dfrac{dx}{du}\dfrac{d^2 y}{du^2} - \dfrac{dy}{du}\dfrac{d^2 x}{du^2}}{\left(\dfrac{dx}{du}\right)^3}\right)$.

c) $x^4 y'' - m^2 y = 0$; $\left(\text{Substitution } x = \dfrac{1}{u}, \ y = \dfrac{z}{u}\right)$.

18. Differentialgleichungen von der Form $y'' = f(y, y')$.
Für die nichtlinearen Dgln. zweiter Ordnung gibt es noch weniger eine allgemeine Integrationsmethode als für die linearen. Wichtig sind die Dgln.

(III$_4$)$_1$ $\qquad\qquad y'' = f(y, y')$,

bei denen wieder die Sustitution $y' = p$, $y'' = \dfrac{dp}{dx} = p \dfrac{dp}{dy}$ hilft. Sucht man z. B. die Kurve, deren Krümmungsradius n-mal so groß ist als ihr Normalenabschnitt von einem Kurvenpunkt bis zur x-Achse, so hat man für sie die Dgl.

$$\dfrac{(1 + y'^2)^{3/2}}{y''} = n' y (1 + y'^2)^{1/2} \qquad \text{oder}$$

(III$_4$)$_2$ $\qquad\qquad nyy'' = 1 + y'^2$.

Mit $y' = p$ kommt

$$\dfrac{np\,dp}{1 + p^2} = \dfrac{dy}{y}, \ y = C_1 (1 + p^2)^{\tfrac{n}{2}},$$

$$dx = \dfrac{dy}{p} = C_1 n (1 + p^2)^{\tfrac{n-2}{2}} dp,$$

$$x = C_1 n \int (1 + p^2)^{\tfrac{n-2}{2}} dp + C_2.$$

56 V. System von zwei gewöhnlichen Differentialgleichungen

Für $n = 2$ hat man eine Parabel, für $n = 1$ eine Kettenlinie, für $n = -1$ einen Kreis, für $n = -2$ eine Zykloide.

Aufg.: 1. Integriere die Dgl. $a^2 y''^2 = 1 + y'^2$ der Kettenlinie.
2. Desgl. die Dgl. $2yy'' = y'^2 - 1$.

V. SYSTEM VON ZWEI GEWÖHNLICHEN DIFFERENTIALGLEICHUNGEN. DER INTEGRIERENDE FAKTOR

19. Geometrisches Bild. Die Existenz der Lösungen. Sind y und z zwei Funktionen von x, so stellt

(IV$_1$) $\qquad \dfrac{dy}{dx} = f(x; y, z) \quad \dfrac{dz}{dx} = g(x; y, z)$

ein *System von zwei gewöhnlichen Dgln. erster Ordnung* dar. Geometrisch ordnet dieses System einem bestimmten Punkt $x|y|z$ des Raumes, von gewissen Ausnahmen abgesehen, ein Wertsystem $\dfrac{dy}{dx}\bigg|\dfrac{dz}{dx}$ d. h. eine Richtung zu. So entsteht ein Richtungsfeld von Linienelementen $x|y|z\bigg|\dfrac{dy}{dx}\bigg|\dfrac{dz}{dx}$ des Raumes. Jetzt mögen erstens nur die Punkte eines Quaders mit den acht Ecken

$$x_0 \pm a \mid y_0 \pm b \mid z_0 \pm c$$

in Betracht gezogen werden, für welche die absoluten Werte der Funktionen $f(x; y, z)$ und $g(x; y, z)$ unterhalb der Schranke K bleiben, so daß

(A) $\qquad |f(x; y, z)| < K, \ |g(x; y, z)| < K$ ist.

Zweitens sollen die Funktionen f und g für irgend zwei Punkte $x|y|z$ und $x|\bar{y}|\bar{z}$ des Quaders die LIPSCHITZsche Bedingung.

(B) $\begin{cases} |f(x; \bar{y}, \bar{z}) - f(x; y, z)| < L|\bar{y} - y| + M|\bar{z} - z|, \\ |g(x; \bar{y}, \bar{z}) - g(x; y, z)| < L|\bar{y} - y| + M|\bar{z} - z| \end{cases}$

erfüllen.

Nun ersetzen wir das System (IV$_1$) durch die aufeinanderfolgenden Systeme

Geometrisches Bild. Die Existenz der Lösungen

$$\begin{cases} \frac{dy_1}{dx} = f(x; y_0, z_0) \\ \frac{dz_1}{dx} = g(x; y_0, z_0) \end{cases} \qquad \begin{cases} \frac{dy_2}{dx} = f(x; y_1, z_1) \\ \frac{dz_2}{dx} = g(x; y_1, z_1) \end{cases}$$

$$\cdots \cdots \cdots \qquad \begin{cases} \frac{dy_n}{dx} = f(x; y_{n-1}, z_{n-1}) \\ \frac{dz_n}{dx} = g(x; y_{n-1}, z_{n-1}). \end{cases}$$

Durch Integration erhält man

$$(1)\begin{cases} y_1 = y_0 + \int_{x_0}^{x} f(x; y_0, z_0)\,dx \\ z_1 = z_0 + \int_{x_0}^{x} g(x; y_0, z_0)\,dx \end{cases} \quad (2)\begin{cases} y_2 = y_0 + \int_{x_0}^{x} f(x; y_1, z_1)\,dx \\ z_2 = z_0 + \int_{x_0}^{x} g(x; y_1, z_1)\,dx \end{cases}$$

$$\cdots \cdots \cdots \qquad (n)\begin{cases} y_n = y_0 + \int_{x_0}^{x} f(x; y_{n-1}, z_{n-1})\,dx \\ z_n = z_0 + \int_{x_0}^{x} g(x; y_{n-1}, z_{n-1})\,dx. \end{cases}$$

Aus (1) ergibt sich wegen (A)

$$(1')\qquad |y_1 - y_0| = \left|\int_{x_0}^{x} f(x; y_0, z_0)\,dx\right| < \int_{x_0}^{x} K\,|dx|,$$

d. h. $< K|x - x_0|$ und ebenso $|z_1 - z_0| < K|x - x_0|$.

Aus (2) und (1) folgt

$$y_2 - y_1 = \int_{x_0}^{x} [f(x; y_1, z_1) - f(x; y_0, z_0)]\,dx$$

und daraus wegen

$$(B)\qquad |y_2 - y_1| < \int_{x_0}^{x} (L|y_1 - y_0| + M|z_1 - z_0|)\,dx,$$

und wegen (1')

$$(2')\qquad |y_2 - y_1| < K(L+M)\int_{x_0}^{x} |x - x_0|\,dx,$$

58 V. System von zwei gewöhnlichen Differentialgleichungen

d. h. $< K(L+M)\frac{|x-x_0|^2}{2!}$ und ebenso

$$|z_2-z_1| < K(L+M)\frac{|x-x_0|^2}{2!}.$$

Bei Fortsetzung des Verfahrens kommt schließlich

(n′)
$$\begin{cases} |y_n-y_{n-1}| < K(L+M)^{n-1}\frac{|x-x_0|^n}{n!}, \\ |z_n-z_{n-1}| < K(L+M)^{n-1}\frac{|x-x_0|^n}{n!}. \end{cases}$$

Aus den Ungleichungen (1′) bis (n′) erschließt man genau wie im Falle einer einzigen Dgl. erster Ordnung (vgl. Nr. 5) die Existenz und Einzigkeit zweier Grenzfunktionen $\lim_{n\to\infty} y_n$ und $\lim_{n\to\infty} z_n$, welche das System (IV$_1$) erfüllen.

Da die Werte von y_0 und z_0 innerhalb des Quaders beliebig sind, so enthält das System der beiden Lösungsfunktionen **zwei willkürliche Konstanten**.

Freilich wird die so ermittelte Lösung nur in wenigen Fällen (vgl. die Aufg. u.) praktisch brauchbar sein. Es wäre daher unsere Aufgabe, die Methoden der früheren Nummern auf ein System von der Form (IV) zu übertragen. Das würde uns aber viel zu weit führen. Wir wollen aber noch ein besonderes System von zwei Dgln. zweiter Ordnung integrieren, das für die Physik von grundlegender Wichtigkeit ist. Zuvor aber müssen wir ein Integrationsverfahren für eine gewöhnliche Dgl. erster Ordnung und ersten Grades nachtragen, das wir in den Nummern 1—10 nicht bringen konnten, weil es sich auf den ersten in Nr. 11 erörterten Begriff der partiellen Ableitung stützt.

Aufg.: Integriere das System $\frac{dy}{dx}=z$, $\frac{dz}{dx}=-y$ für die Anfangswerte $x_0=0$, $y_0=0$, $z_0=1$.

20. *Exakte Differentialgleichungen. Der integrierende Faktor.* Ist

(1) $$z = F(x, y)$$

eine Funktion von x und y, so können wir entsprechend dem Verfahren in Nr. 11 die Differenzengleichung

Exakte Differentialgleichungen. Der integrierende Faktor 59

$$\frac{\Delta z}{\Delta x} = \frac{F(x+\Delta x, y+\Delta y) - F(x, y+\Delta y)}{\Delta x}$$
$$+ \frac{F(x, y+\Delta y) - F(x, y)}{\Delta y} \cdot \frac{\Delta y}{\Delta x}$$

und die Grenzgleichung
$$z' = \frac{\partial F}{\partial x} + \frac{\partial F}{\partial y} y'$$

bilden. Führt man jetzt statt der Ableitungen y' und z' die Differentialquotienten $\frac{dy}{dx}$ und $\frac{dz}{dx}$ ein, so erhält man

(2) $$dz = \frac{\partial F}{\partial x} dx + \frac{\partial F}{\partial y} dy,$$

wo nun dx und dy willkürliche Größen sind, die man gewöhnlich sehr klein anzunehmen pflegt, was aber theoretisch ganz ohne Belang ist. Man nennt (2) das *vollständige Differential* von (1).

Ist umgekehrt eine Gleichung

(3) $$dz = P(x, y) dx + Q(x, y) dy$$

gegeben, so fragt sich, ob (3) ein vollständiges Differential ist. Dann müssen P und Q offenbar die partiellen Ableitungen einer Funktion F nach x und y sein. Nun folgt aber aus

(4) $$P = \frac{\partial F}{\partial x}, \quad Q = \frac{\partial F}{\partial y}$$

sofort
$$\frac{\partial P}{\partial y} = \frac{\partial \frac{\partial F}{\partial x}}{\partial y}, \quad \frac{\partial Q}{\partial x} = \frac{\partial \frac{\partial F}{\partial y}}{\partial x}.$$

Dafür schreibt man auch
$$\frac{\partial P}{\partial y} = \frac{\partial^2 F}{\partial x \partial y}, \quad \frac{\partial Q}{\partial x} = \frac{\partial^2 F}{\partial y \partial x}.$$

Nun gilt aber, was der Leser an Beispielen leicht bestätigen kann, für die gewöhnlich betrachteten Funktionen die Gleichung $\frac{\partial^2 F}{\partial y \partial x} = \frac{\partial^2 F}{\partial x \partial y}$, d. h. es ist gleichgültig, in welcher Reihenfolge man F nach zwei Veränderlichen ableitet. Damit folgt aber

(5) $$\frac{\partial P}{\partial y} = \frac{\partial Q}{\partial x}$$

V. System von zwei gewöhnlichen Differentialgleichungen

als **notwendige** Bedingung dafür, daß (3) ein vollständiges Differential ist. Diese Bedingung ist aber auch **hinreichend**. Denn aus $\frac{\partial F}{\partial x} = P(x,y)$ ergibt sich

$$F = \int_{x_0}^{x} P(x,y)\, dx + Y,$$

wo nun Y eine Funktion ist, die noch von y allein abhängen kann. Weiter folgt

$$\frac{\partial F}{\partial y} = \int_{x_0}^{x} \frac{\partial P(x,y)}{\partial y}\, dx + \frac{dY}{dy} = \int_{x_0}^{x} \frac{\partial Q(x,y)}{\partial x}\, dx + \frac{dY}{dy}$$

$$= Q(x,y) - Q(x_0, y) + \frac{dY}{dy},$$

wenn man die Vertauschung von Ableitung und Integration als erlaubt betrachtet. Anderseits ist $\frac{\partial F}{\partial y} = Q(x,y)$. Daher

$$\frac{dY}{dy} = Q(x_0, y), \quad Y = \int_{y_0}^{y} Q(x_0, y)\, dy - \text{const.}$$

und damit

(6) $$F = \int_{x_0}^{x} P(x,y)\, dx + \int_{y_0}^{y} Q(x_0, y)\, dy - \text{const.}$$

Ist nun $y' = f(x,y)$ eine gewöhnliche Dgl. erster Ordnung, so läßt sich $f(x,y)$ häufig als Quotient $-\frac{P(x,y)}{Q(x,y)}$ schreiben und damit folgt für die Dgl. die Form

(V)$_1$ $\qquad P(x,y)\, dx + Q(x,y)\, dy = 0.$

Wäre nun (5) erfüllt, so wäre die linke Seite der Gleichung (V)$_1$ ein vollständiges Integral und nach (6) würde sich als Lösung der Dgl. sofort

(V)$_1'$ $\qquad \int_{x_0}^{x} P(x,y)\, dx + \int_{y_0}^{y} Q(x_0, y)\, dy = \text{const.}$

ergeben.

So ist für das Beispiel

(V)$_2$ $\qquad (Ax + By)\, dx + (Bx + Cy)\, dy = 0$

die Bedingung (5) erfüllt, und man erhält

Exakte Differentialgleichungen. Der integrierende Faktor 61

$$(V)_2' \begin{cases} \int_{x_0}^{x} (Ax + By)\,dx + \int_{y_0}^{y} (Bx_0 + Cy)\,dy \\ = \frac{1}{2}(Ax^2 + 2Bxy - Ax_0^2 - 2Bx_0 y) \\ + \frac{1}{2}(1Bx_0 y + Cy^2 - 2Bx_0 y_0 - Cy_0^2) = \text{const.} \end{cases}$$

oder $Ax^2 + 2Bxy + Cx^2 = \text{const.}$

Ist aber die linke Seite von $(V)_1$ kein vollständiges Differential, so fragt es sich ob nicht ein *integrierender Faktor* oder *Multiplikator* $M(x, y)$ existiert, der sie dazu macht. Notwendig und hinreichend dafür ist die Gleichung

$$\frac{\partial (MP)}{\partial y} = \frac{\partial (MQ)}{\partial x} \quad \text{oder}$$

(7) $$P\frac{\partial M}{\partial y} - Q\frac{\partial M}{\partial x} + \left(\frac{\partial P}{\partial y} - \frac{\partial Q}{\partial x}\right) M = 0.$$

Das ist eine sog. partielle Dgl. für M, deren vollständige Lösung im allgemeinen viel schwerer zu finden ist als die der gewöhnlichen Dgl. $(V)_1$. Allein man kann häufig irgendeinen besonderen Wert von M erraten, der ihr genügt und damit sofort die Integration von $(V)_1$ bewerkstelligen.

Für das Beispiel
$(V)_3 \qquad y(3x^2 + y^2)\,dx - 2x^3\,dy = 0$
wird (7) zu

$$y(3x^2 + y^2)\frac{\partial M}{\partial y} + 2x^3\frac{\partial M}{\partial x} + 3(3x^2 + y^2)M = 0.$$

Man erkennt, daß ein von x unabhängiger integrierender Faktor M existiert. Für $\frac{\partial M}{\partial x} = 0$ wird nämlich $y\frac{\partial M}{\partial y} + 3M = 0$, also $M = \frac{1}{y^3}$. Dann wird $(V)_3$ zu $\left(\frac{3x^2}{y^2} + 1\right) dx - 2\frac{x^3}{y^3}\,dy = 0$ und daraus folgt nach

$(V)_1' \qquad \frac{x(x^2 + y^2)}{y^2} = \text{const.} = 2r,$

d. h. die Kissoide $y^2 = \frac{x^3}{2r - x}$.

V. System von zwei gewöhnlichen Differentialgleichungen

Aufg.: Integriere folgende Dgln. und untersuche ihre Lösungskurven:

1. $(3x^2 + a^2) dx + (3y^2 + a^2) dy = 0.$

2. $x(x^2 + y^2 - a^2) dx + y(x^2 + y^2 + a^2) dy = 0.$

3. $(x^3 - xy^2 - a^2 y) dx - (x^2 y - y^3 + a^2 x) dy = 0.$

4. $(x^2 - y^2 \mp r^2) dx + 2xy\, dy = 0.$

5. $y(x^2 - y^2 + r^2) dx + x(-x^2 + y^2 + r^2) dy = 0;\ (M = 1 : x^2 y^2).$

21. Die Planetenbewegung[1]). Das NEWTONsche Gravitationsgesetz lautet: Zwei Massen m und M ziehen einander an mit einer Kraft K, die proportional dem Produkt der Massen und umgekehrt proportional dem Quadrat ihrer Entfernung r ist: $K = f^2 \dfrac{mM}{r^2}$. Ist m ein Planet, M die Sonne, so erfährt der Planet gegen die Sonne die Beschleunigung $\dfrac{f^2 M}{r^2}$, die Sonne gegen den Planeten die Beschleunigung $\dfrac{f^2 m}{r^2}$. Betrachtet man die Sonne als ruhend, so hat die Relativbeschleunigung des Planeten gegen die Sonne den Wert $g = f^2 \dfrac{M + m}{r^2}$. Führt man ein rechtwinkliges Koordinatensystem mit der Sonne als Ursprung ein, so sind die Komponenten der Beschleunigung in bezug auf seine Achsen, wenn man mit NEWTON (1642—1727) die Ableitungen nach der Zeit t durch übergesetzte Punkte bezeichnet:

(1) $$\ddot{x} = -f^2(M+m)\frac{x}{r^3},$$

(2) $$\ddot{y} = -f^2(M+m)\frac{y}{r^3},\qquad\text{wobei}$$

(3) $$r^2 = x^2 + y^2.$$

Die Gleichungen (1) und (2) bilden ein System von zwei gewöhnlichen Dgln. zweiter Ordnung. Ihre Integration gelingt so:

Wir erweitern (1) mit $-y$, (2) mit x und erhalten

(4) $$x\ddot{y} - \ddot{x}y = 0.$$

---

[1]) Vgl. dazu Bd. 8 dieser Sammlung: METH, Theorie der Planetenbewegnng.

Die Planetenbewegung

Die linke Seite dieser Gleichung ist mit dt multipliziert das **vollständige Differential** der Funktion $x\dot y - \dot x y$. Es ist also

(5) $\quad x\dot y - \dot x y = \text{const.} = C_1.$

Da der Flächeninhalt $\varDelta F$ eines Dreiecks mit den Ecken $x|y$ und
$$x + \varDelta x \mid y + \varDelta y$$
die Größe
$$\varDelta F = \tfrac{1}{2}(x\,\varDelta y - y\,\varDelta x)$$
hat, so bedeutet (5), daß die **Flächengeschwindigkeit**

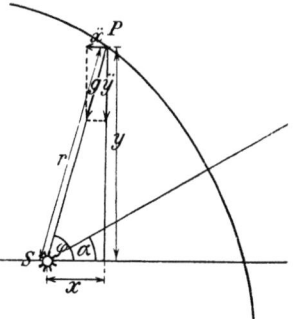

Fig. 8.

$$\lim_{\varDelta t \to 0} \frac{\varDelta F}{\varDelta t} = \frac{1}{2}(x\dot y - \dot x y) = \frac{C_1}{2}$$

konstant ist. Das ist das **zweite** Keplersche **Gesetz: Der Fahrstrahl eines Planeten beschreibt in gleichen Zeiten gleiche Flächen.**

Aus (3) folgt ferner

(6) $\qquad\qquad x\dot x + y\dot y = r\dot r.$

Erweitert man also (1) mit $C_1 = x\dot y - \dot x y$, so erhält man

$$C_1 \ddot x = -f^2(M+m)\frac{x(x\dot y - \dot x y)}{r^3} = -f^2(M+m)\frac{x^2\dot y - x\dot x y}{r^3}$$

$$= -f^2(M+m)\,\frac{(r^2 - y^2)\dot y - (r\dot r - y\dot y)y}{r^3}$$

$$= -f^2(M+m)\,\frac{r\dot y - \dot r y}{r^2}.$$

Nun ist aber $\dfrac{r\dot y - \dot r y}{r^2}$ mit dt multipliziert das vollständige Differential von $\dfrac{y}{r}$. Daher folgt

(7) $\qquad\qquad C_1 \dot x = -f^2(M+m)\dfrac{y}{r} + C_2 \qquad$ und ebenso

(8) $\qquad\qquad C_1 \dot y = +f^2(M+m)\dfrac{x}{r} + C_3.$

Erweitert man (7) mit $-y$, (8) mit x, so folgt mit (5) und (3)

64 V. System von zwei gewöhnlichen Differentialgleichungen

(9) $$C_1^2 = f^2(M+m)r - C_2 y + C_3 x$$ oder mit

(10) $$x = r\cos\varphi,\ y = r\sin\varphi,$$

(11) $$C_2 = -l\cos\alpha,\ C_3 = -l\sin\alpha$$ sogleich

$$C_1^2 = f^2(M+m)r + lr\cos(\varphi + \alpha)$$ oder

(12) $$r = \frac{C_1^2}{f^2(M+m) + l\cos(\varphi + \alpha)}.$$ Setzt man

(13) $$\frac{C_1^2}{f^2(M+m)} = p,\ \frac{l}{f^2(M+m)} = \varepsilon,$$

so lautet die Bahngleichung in Polarkoordinaten

(14) $$r = \frac{p}{1 + \varepsilon\cos(\varphi + \alpha)}.$$

Das ist aber die Gleichung eines Kegelschnittes mit der Sonne als Brennpunkt. Wir haben unter der Voraussetzung $\varepsilon < 1$, die für alle Planeten erfüllt ist, das **erste Keplersche Gesetz: Die Planetenbahnen sind Ellipsen, in deren einem Brennpunkt die Sonne steht.** Für eine Ellipse mit den Halbachsen a und b, dem Parameter p und der numerischen Exzentrizität ε gelten nun die Gleichungen

(15) $$p = \frac{b^2}{a},\ \varepsilon = \frac{\sqrt{a^2 - b^2}}{a}.$$

Umgekehrt folgt daraus

(16) $$a = \frac{p}{1-\varepsilon^2},\ b = \frac{p}{\sqrt{1-\varepsilon^2}}.$$

Der Flächeninhalt der Bahnellipse ist also

(17) $$F = \pi\frac{p^2}{(1-\varepsilon^2)^{3/2}}.$$

Da nach (5) die Flächengeschwindigkeit $\frac{C_1}{2}$ ist, so wird die Umlaufzeit des Planeten

(18) $$T = \frac{C_1(1-\varepsilon^2)^{3/2}}{2\pi p^2}.$$

Nun ist aber auch (13) $C_1 = \sqrt{f^2(M+m)p}$. Also wird

$$T = \frac{\sqrt{f^2(M+m)}}{2\pi} \cdot \left(\frac{1-\varepsilon^2}{p}\right)^{3/2}$$

oder nach (16) $\quad = \dfrac{\sqrt{f^2(M+m)}}{2\pi} a^{3/2}$, woraus

(19) $\qquad \dfrac{T^2}{a^3} = \dfrac{f^2(M+m)}{4\pi^2}.$

Rechts steht hier eine **Konstante des Sonnensystems**, da m gegenüber M verschwindend klein ist: $\dfrac{T^2}{a^3}$ hat also für alle Planeten denselben Wert. Wir haben das dritte KEPLER-sche Gesetz: **Die Quadrate der Umlaufzeiten der Planeten um die Sonne verhalten sich wie die Kuben ihrer großen Halbachsen.**

Nun wäre noch die Abhängigkeit des Planetenorts von der Zeit herzuleiten. Damit würde sich die noch fehlende vierte Konstante C_4 einstellen. Doch sei wegen dieser Abhängigkeit, der sog. KEPLERschen Gleichung auf das Bändchen von METH verwiesen.

Aufg.: 1. Integriere die Dgln. der Wurfbewegung $\ddot{x}=0$, $\ddot{y}=-g$ für den schiefen Wurf mit den Anfangsbedingungen $x_0 = 0$, $y_0 = 0$, $\dot{x}^0 = v_0 \cos\alpha$, $\dot{y}_0 = v_0 \sin\alpha$. 2. Desgl. die Dgln. der elliptischen Schwingung $\ddot{x}=-k^2 x$, $\ddot{y}=-k^2 y$.

VI. ANHANG

22. Geschichtliches. Wir schließen unsere kurze Einführung in die Theorie der gewöhnlichen Dgln. mit einigen geschichtlichen Angaben. Dabei beschränken wir uns grundsätzlich auf den von uns behandelten Stoff.

Die ersten Dgln. finden sich bei den beiden Begründern der Differential- und Integralrechnung NEWTON (1642 bis 1727) und LEIBNIZ (1646—1716). In einem Manuskript vom 11. November 1675 behandelt LEIBNIZ die Aufgabe, eine Kurve zu bestimmen, deren Subnormale yy' umgekehrt proportional zur Ordinate y sei. Die Dgl. $yy' = \dfrac{a^2}{y}$ löst er durch Trennung der Veränderlichen: $y^3\,dy = a^2\,dx$. JOHANN BERNOULLI (1667—1748) wendet in seinen Lectiones mathematicae de methodo integralium aliisque von

1691–92[1]) diese Methode auf viele Beispiele an. Bei der Dgl. $ax\,dy - y\,dx = 0$ findet er erstmals einen **integrierenden Faktor** $M = \frac{y^{a-1}}{x^2}$. Die **homogene Dgl.** erster Ordnung integriert er mittels der Substitution $y = xt$. JAKOB BERNOULLI (1654–1705) lehrte als erster die Substitution $y' = p$, indem er $y'' = y'\frac{dy'}{dy}$ setzte, wenn sie auch JACOPO RICCATI (1676 bis 1754) erstmals 1715 bekannt machte.

LEONHARD EULER (1707–83) gab die Integration der verkürzten linearen Dgl. $n$ter Ordnung mit konstanten Koeffizienten 1743 bekannt. Gleichzeitig gebrauchte er die Ausdrücke **partikuläres** und **totales Integral**. Abschließend behandelte er die unverkürzte lineare Dgl. $n$ter Ordnung mit konstanten Koeffizienten in den Nov. Comm. Ac. Petr. 1750–51, nachdem D'ALEMBERT (1717–83) sich 1747 damit beschäftigt hatte. 1775 entwickelte LAGRANGE (1736–1813) seine **Methode der Variation der Konstanten**, die übrigens EULER schon 1739 gekannt und in den folgenden Jahren verwandt hatte. Die Theorie des **integrierenden Faktors** förderte CLAIRAUT (1713–65), und EULER baute sie im ersten und zweiten Band seiner **Institutiones calculi integralis** 1768–70 sorgfältig im einzelnen aus.

Eine **singuläre Lösung** findet erstmals unbewußt TAYLOR (1685–1731) in seiner **Methodus incrementorum** von 1715. CLAIRAUT (vgl. o. Nr. 13) erkannte 1734, daß eine singuläre Lösung nicht im allgemeinem Integral enthalten ist, ohne sie jedoch daraus abzuleiten. Das tat erst LAGRANGE 1774, nachdem auch EULER den Hüllkurvencharakter der singulären Lösung nicht erkannt hatte. LAGRANGE hat dann die Theorie der singulären Lösungen 1801 in den **Leçons sur le calcul des fonctions** ganz klar entwickelt und darin auch den Namen **équation primitive singulière** eingeführt.

Das System $\ddot{x} = X$, $\ddot{y} = Y$ mechanischer Dgln. kommt zuerst bei MACLAURIN (1698–1746) in seinem **Treatise of fluxions** von 1742 vor. D'ALEMBERT beschäftigte sich mit

---

1) Deutsch herausgeg. von G. KOWALEWSKI in Ostwalds Klassikern Nr. 194.

VI. Anhang

seiner Integration und führte zur Lösung in schwierigeren Fällen Reihen ein.

Die Frage nach einer sicheren Grundlage der Theorie der Dgln. wurde erst im 19. Jahrh. aufgeworfen. CAUCHY (1789 bis 1857) gab zwischen 1820 und 1830 die ersten **Existenzbeweise**. Von besonderen Dgln. sind es vor allem die **linearen Dgln. zweiter Ordnung**, deren Theorie sich im 19. Jahrh. zu einem gewaltigen Bau türmte.

Heute ist die Theorie der Dgln. so umfangreich und greift so in alle Teile der **reinen** Mathematik ein, von der **angewandten** ganz zu schweigen, daß SOPHUS LIE (1842 bis 1899) im Jahre 1893 sagen konnte: „In der ganzen modernen Mathematik ist die Theorie der Differentialgleichungen die wichtigste Disziplin".

Von demselben Verfasser erschienen:

Unendliche Reihen. (Math.-Phys. Bibl., Bd. 61.) Kart. *RM* 1.20

Ausgehend von dem Begriffe der Zahlfolge werden zunächst Begriff und Eigenschaften der Reihen mit konstanten Gliedern, darauf die Potenzreihen und schließlich das wichtige Problem der Entwicklung einer Funktion in eine Potenzreihe behandelt. Zahlreiche Beispiele und Aufgaben erhöhen den Wert dieser Einführung, die durch einen geschichtlichen Gesamtüberblick und einen Ausblick auf die höheren Teile der Theorie abgeschlossen wird.

Nichteuklidische Geometrie in elementarer Behandlung. Von Prof. Dr. M. Simon. Herausgegeben von K. Fladt. Mit 125 Fig. i. T. u. 1 Titelbild. (10. Beih. der Zeitschrift für math. u. naturw. Unterricht.) Geh. *RM* 8.—

Zehn Vorlesungen zur Grundlegung der Mengenlehre. Von Prof. Dr. A. Fraenkel. (Wiss. u. Hypothese, Bd. 31.) Geb. *RM* 10.—

Mengenlehre. Von Dr. K. Grelling. Mit 7 Fig. i. T. (Math.-Phys. Bibl., Bd. 58.) Kart. *RM* 1.20

Einführung in die Infinitesimalrechnung. Von Oberstudienrat Prof. Dr. A. Witting. 2. Aufl. Bd. I: Die Differentialrechnung. Mit einer Porträttafel, vielen Beispielen und Aufgaben und 33 Fig. im Text. Bd. II: Die Integralrechnung. Mit einer Porträttafel, 85 Beispielen und Aufgaben und mit 9 Fig. im Text. (Math.-Phys. Bibl., Bd. 9 u. 41.) Kart. je *RM* 1.20

Einführung in die Infinitesimalrechnung. Von Prof. Dr. G. Kowalewski. 3., verb. Aufl. Mit 19 Fig. (ANuG Bd. 197.) Geb. *RM* 2.—

Differentialrechnung — Integralrechnung unter Berücksichtigung der prakt. Anwendung in der Technik mit zahlreichen Beispielen u. Aufgaben versehen. Von Privatdoz. Studienrat Dr. M. Lindow. 2 Bände. 4. bzw. 3. Aufl. Mit zus. 93 Fig. i. Text u. 361 Aufg. (ANuG Bd. 387 u. 673.) Geb. je *RM* 2.—

Differentialgleichungen. Von Privatdozent Studienrat Dr. M. Lindow. Unter Berücksichtigung der praktischen Anwendung in der Technik mit zahlr. Beispielen und Aufgaben versehen. Mit 38 Fig. im Text und 160 Aufgaben. (ANuG Bd. 589.) Geb. *RM* 2.—

Differential- und Integralrechnung. Von Prof. Dr. L. Bieberbach. 2., verm. u. verb. Aufl. I. Differentialrechnung. Mit 34 Fig. Kart. *RM* 3.40. II. Integralrechnung. Mit 25 Fig. Kart. *RM* 4.—. (Teubn. technische Leitfäden, Bd. 4. u. 5.)

Grundzüge der Differential- und Integralrechnung. Von Prof. Dr. G. Kowalewski. 3. Aufl. Mit 31 Fig. Geh. *RM* 14.—, geb *RM* 16.—

Verlag von B. G. Teubner in Leipzig und Berlin

Math.-phys. Bibl. 72: Fladt, Gewöhnliche Differentialgleichungen.

Lehrbuch der Differential- und Integralrechnung und ihrer Anwendungen. Von Geh. Hofrat Prof. Dr. R. Fricke. 2. u. 3. Aufl. I. Bd.: Differentialrechnung. Mit 129 in den Text gedr. Fig., eine Sammlung von 253 Aufgaben und einer Formeltabelle. II. Bd.: Integralrechnung. Mit 100 in den Text gedr. Figuren, einer Sammlung von 242 Aufgaben und einer Formeltabelle. Geh. je RM 10.60, geb. je RM 13.—

Lehrbuch der Differential- und Integralrechnung. Ursprünglich Übersetzung des Lehrbuches von J. A. Serret, seit der 3. Aufl. gänzlich neu bearbeitet von Geh. Reg.-Rat Prof. Dr. G. Scheffers. I. Bd.: Differentialrechnung. 8. Aufl. Mit 70 Fig. i. T. Geb. RM 22.—. II. Bd.: Integralrechnung. 6. u. 7. Aufl. Mit 108 Fig. i. T. Geh. RM 17.60, geb. RM 20.—. III. Bd.: Differentialgleichungen und Variationsrechnungen. 6. Aufl. Mit 64 Fig. im Text. Geb. RM 24.—

Das Wissenschaftsideal der Mathematiker. Von Prof. P. Boutroux. Übersetzt von Dr. H. Pollaczek. (Wiss. u. Hyp., Bd. 28.) Geb. RM 11.—

Der Gegenstand der Mathematik im Lichte ihrer Entwicklung. Von Oberstudiendirektor Dr. H. Wieleitner. Mit 20 Fig. im Text. (Math.-Phys. Bibl., Bd. 50.) Kart. RM 1.20

Die Quadratur des Kreises. Von Prof. Dr. E. Beutel. 2. Aufl. Mit 11 Fig. im Text. (Math.-Phys. Bibl., Bd. 12.) Kart. RM 1.20

Theorie der Planetenbewegung. Von Studienrat Dr. P. Meth. 2., umgearb. Aufl. Mit 14 Fig. im Text. (Math.-Phys. Bibl., Bd. 8.) Kart. RM 1.20

Mathematische Aufgaben aus der Technik. 89 Aufgaben mit 350 Unteraufgaben und Lösungen. Von Studienrat Dr. M. Hauptmann. Mit 115 Abb. Kart. RM 3.60

Mathematische Physik. Ausgewählte Abschnitte und Aufgaben aus der theoretischen Physik. Für Fachschulen und zum Selbstunterricht für Studierende. Von Direktor Dr. K. Hahn. Mit 46 Fig. Kart. RM 4.60

Grundzüge der Festigkeitslehre. Von Geh. Hofrat Prof. Dr. phil. et Ing. A. Föppl und Prof. Dr.-Ing. O. Föppl. Mit 141 Abb. i. T. und auf 1 Tafel. (Teubn. techn. Leitfäden, Bd. 17.) Geb. RM 7.60

Vorlesungen über technische Mechanik. In 6 Bänden. Von Geh. Hofrat Prof. Dr. A. Föppl.

1. Bd.: Einführung in die Mechanik. 8. Aufl. Mit 104 Fig. im Text. Geb. RM 15.—

2. Bd.: Graphische Statik. 7. Aufl. Mit 209 Abb. im Text. Geb. RM 15.—

3. Bd.: Festigkeitslehre. 9. Aufl. Mit 114 Abb. im Text. Geh. RM 10.60, geb. RM 12.60

4. Bd.: Dynamik. 7. Aufl. Mit 86 Fig. im Text. Geb. RM°.60, Geb. RM 11.60

5. Bd.: Die wichtigsten Lehren der höheren Elastizitätstheorie. 4. Aufl. Mit 44 Abb. im Text. Geb. RM 10.60

6. Bd.: Die wichtigsten Lehren der höheren Dynamik. 4. Aufl. Mit 33 Abb. im Text. Geh. RM 10.60, geb. RM 12.60

Verlag von B. G. Teubner in Leipzig und Berlin

Mathematisch-Physikalische Bibliothek

Fortsetzung der 2. Umschlagseite

Darstellende Geometrie des Geländes und verwandte Anwendungen der Methode der kotierten Projektionen. Von R. Rothe. 2., verb. Aufl. (Bd. 35/36.)
Karte und Kroki. Von H. Wolff. (Bd. 27.)
Konstruktionen in begrenzter Ebene. Von P. Zühlke. (Bd. 11.)
Einführung in die projektive Geometrie. Von M. Zacharias. 2. Aufl. (Bd. 6.)
Funktionen, Schaubilder, Funktionstafeln. Von A. Witting. (Bd. 48.)
Einführung in die Nomographie. Von P. Luckey. I. Die Funktionsleiter. 2. Aufl. II. Die Zeichnung als Rechenmaschine. 2. Aufl. (Bd. 28 u. 37.)
Theorie und Praxis des logarithmischen Rechenstabes. Von A. Rohrberg. 3. Aufl. (Bd. 23.)
Mathematische Instrumente. Von W. Zabel. I. Hilfsmittel und Instrumente zum Rechnen. II. Hilfsmittel und Instrumente zum Zeichnen. [U. d. Pr. 1927.] (Bd. 59 u. 60.)
Die Anfertigung mathematischer Modelle. (Für Schüler mittlerer Klassen.) Von K. Giebel. 2. Aufl. (Bd. 16.)
Mathematik und Logik. Von H. Behmann. (Bd. 73.)
Mathematik und Biologie. Von M. Schips. (Bd. 42.)
Die mathematischen Grundlagen der Variations- und Vererbungslehre. Von P. Riebesell. (Band 24.)
Die mathematischen und physikalischen Grundlagen der Musik. Von J. Peters. (Bd. 55.)
Mathematik und Malerei. 2 Bände in 1 Band. Von G. Wolff. 2. Aufl. (Bd. 20/21.)
Elementarmathematik und Technik. Eine Sammlung elementarmathematischer Aufgaben mit Beziehungen zur Technik. Von R. Rothe. (Bd. 54.)
Finanz-Mathematik. (Zinseszinsen-, Anleihe- und Kursrechnung.) Von K. Herold. (Bd. 56.)
Die mathematischen Grundlagen der Lebensversicherung. Von H. Schütze. (Bd. 46.)
Riesen und Zwerge im Zahlenreiche. Von W. Lietzmann. 2. Aufl. (Bd. 25.)
Geheimnisse der Rechenkünstler. Von Ph. Maennchen. 3. Aufl. (Bd. 13.)
Wo steckt der Fehler? Von W. Lietzmann und V. Trier. 3. Aufl. (Bd. 52.)
Trugschlüsse. Gesammelt von W. Lietzmann. 3. Aufl. (Bd. 53.)
Die Quadratur des Kreises. Von E. Beutel. 2. Aufl. (Bd. 12.)
Das Delische Problem (Die Verdoppelung des Würfels). Von A. Herrmann. (Bd. 68.)
Mathematiker-Anekdoten. Von W. Ahrens. 2. Aufl. (Bd. 18.)
Scherzaufgaben und Probleme. Von J. Preuß. [In Vorb. 1927.]
Die Fallgesetze. Von H. E. Timerding. 2. Aufl. (Bd. 5.)
Kreisel. Von M. Winkelmann. [In Vorb. 1927.]
Atom- und Quantentheorie. Von P. Kirchberger. I. Atomtheorie. II. Quantentheorie. (Bd. 44 u. 45.)
Ionentheorie. Von P. Bräuer. (Bd. 38.)
Das Relativitätsprinzip. Leichtfaßlich entwickelt von A. Angersbach. (Bd. 39.)
Drahtlose Telegraphie und Telephonie in ihren physikalischen Grundlagen. Von W. Ilberg. (Bd. 62.)
Optik. Von E. Günther. [In Vorb. 1927.]
Dreht sich die Erde? Von W. Brunner. 2. Aufl. [U. d. Pr. 1927.] (Bd. 17.)
Die Grundlagen unserer Zeitrechnung. Von A. Barneck. (Bd. 29.)
Mathematische Himmelskunde. Von O. Knopf. (Bd. 63.)
Mathem. Streifzüge durch die Geschichte der Astronomie. Von P. Kirchberger. (Bd. 40.)
Theorie der Planetenbewegung. Von P. Meth. 2., umgearb. Aufl. (Bd. 8.)
Beobachtung des Himmels mit einfachen Instrumenten. Von Fr. Rusch. 2. Aufl. (Bd. 14.)
Grundzüge der Meteorologie, ihre Beobachtungsmethoden und Instrumente. Von W. König. (Bd. 70.)

Verlag von B. G. Teubner in Leipzig und Berlin

MIX
Papier aus verantwortungsvollen Quellen
Paper from responsible sources
FSC® C105338

If you have any concerns about our products,
you can contact us on
ProductSafety@springernature.com

In case Publisher is established outside the EU,
the EU authorized representative is:
**Springer Nature Customer Service Center GmbH
Europaplatz 3, 69115 Heidelberg, Germany**

Printed by Libri Plureos GmbH
in Hamburg, Germany